Shambel G. Tadewos
Mohammed Shakil Malek

Causas e efeitos da ultrapassagem de custos e prazos

Shambel G. Tadewos
Mohammed Shakil Malek

Causas e efeitos da ultrapassagem de custos e prazos

de projectos de construção de estradas em Gujarat

ScienciaScripts

Imprint

Any brand names and product names mentioned in this book are subject to trademark, brand or patent protection and are trademarks or registered trademarks of their respective holders. The use of brand names, product names, common names, trade names, product descriptions etc. even without a particular marking in this work is in no way to be construed to mean that such names may be regarded as unrestricted in respect of trademark and brand protection legislation and could thus be used by anyone.

Cover image: www.ingimage.com

This book is a translation from the original published under ISBN 978-613-8-50129-9.

Publisher:
Sciencia Scripts
is a trademark of
Dodo Books Indian Ocean Ltd. and OmniScriptum S.R.L publishing group

120 High Road, East Finchley, London, N2 9ED, United Kingdom
Str. Armeneasca 28/1, office 1, Chisinau MD-2012, Republic of Moldova, Europe
Printed at: see last page
ISBN: 978-620-8-14989-5

Copyright © Shambel G. Tadewos, Mohammed Shakil Malek
Copyright © 2024 Dodo Books Indian Ocean Ltd. and OmniScriptum S.R.L publishing group

Resumo

Em Gujarat, na Índia, multiplicam-se periodicamente os projectos de construção de estradas. No entanto, é difícil concluí-los num prazo e custo pré-determinados. O objetivo deste livro é identificar os factores que causam o excesso de custos e de tempo nos projectos de construção de estradas em Gujarat e apresentar recomendações relevantes para os factores mais críticos. Este estudo delimita as causas e os efeitos do excesso de custos e de prazos nos projectos de construção de estradas em Gujarat. Foi utilizado um inquérito por questionário para recolher os dados junto dos contratantes, clientes e consultores, tendo sido adotado o método do Índice de Importância Relativa (IIR) para a análise. Na análise, foram identificados quatro e onze factores principais para as causas do custo e do tempo de execução, respetivamente. O coeficiente de classificação de Spearman foi adotado para testar a concordância na classificação dos factores. Existe uma forte correlação na classificação entre o consultor e o cliente (organismo governamental) para os factores que afectam os custos excessivos e o empreiteiro e o cliente (organismo governamental) para os factores que afectam o tempo excessivo. Os resultados do estudo ajudarão os projectistas, os clientes e os empreiteiros a tomar consciência e a melhorar os custos e os prazos de execução nas construções rodoviárias no futuro.

Palavras-chave: Ultrapassagem de custos, Ultrapassagem de prazos, Causas, Efeitos, Gujarat

Agradecimentos

Gostaria de agradecer ao Prof. Dixit Patel pelo seu acompanhamento rigoroso e pelos seus comentários e sugestões construtivos desde o início até à finalização deste livro. Dixit Patel pelo seu acompanhamento rigoroso e pelos seus comentários e sugestões construtivos desde o início até à finalização deste livro. É de facto simpático e profissional e deu-me ideias maravilhosas que foram verdadeiramente produtivas para a realização bem sucedida do meu esforço.

Índice

Lista de abreviaturas

E.C Ethiopian Calendar

FYFacial Year

GDP Gross Domestic Product

Gov't Government

IESM Indian Ex-Servicemen Movement

UPM University Putra Malaysia

w.r.t with respect to

Capítulo 1
Introdução

1.1Antecedentes da indústria da construção

O sector da construção é verdadeiramente a força da economia nacional como um todo, através da qual se alcança o desenvolvimento físico total. Tem um efeito significativo na eficiência e produtividade de outros sectores industriais. Sem instalações de construção, é difícil pensar em investimentos como a pesca, a indústria transformadora, a agricultura, etc.

A indústria da construção está repleta de projectos, actividades de projeto e constrangimentos que são concluídos com custos e prazos excedentários significativos. Os atrasos afectam negativamente o sucesso do projeto em termos de custos, tempo, qualidade e segurança. Os impactos dos atrasos na construção não se limitam apenas à indústria da construção, mas também à economia geral do país. Deve prestar-se atenção a estes factores, uma vez que provocam custos e prazos adicionais no projeto em relação ao inicialmente previsto. Os factores macroeconómicos que afectam o custo do projeto de construção são os mais graves[24].

O excesso de tempo é definido como a diferença de tempo entre o tempo de conclusão efetivo e o tempo de conclusão estimado acordado entre o cliente e o empreiteiro durante a assinatura do contrato. O excesso de custo é definido como a diferença entre o custo de conclusão (efetivo) e o custo de conclusão estimado.

1.2Sector da construção na Índia

Na Índia, o sector da construção está mal organizado, consistindo em intervenientes não organizados que trabalham em regime de subcontratação. Devido à natureza da indústria, que requer capital intensivo, mão de obra intensa e é arriscada, as empresas estão a tentar mecanizar-se desde há alguns anos. Como resultado da mecanização, a necessidade de mão de obra no ano fiscal de 2004 diminuiu 0,7% após quatro anos. A indústria desempenha um papel vital na economia, industrialização e urbanização do país. Representa 40%-50% das despesas de capital do país em vários projectos, tais como auto-estradas, estradas, caminhos-de-ferro, aeroportos, energia, irrigação, etc., e é a segunda maior indústria, a seguir à agricultura, com um peso de apenas 11% do PIB total[36].

A gestão bem sucedida dos projectos de construção baseia-se em três factores principais, ou seja, tempo, custo e qualidade. A execução bem sucedida de projectos de construção, mantendo-os dentro dos custos estimados e dos calendários prescritos, depende de uma metodologia que requer um bom julgamento de engenharia [2]. No entanto, para desgosto dos proprietários, empreiteiros e consultores, muitos projectos sofrem atrasos consideráveis, excedendo assim as estimativas iniciais de tempo e custo. O fracasso de qualquer projeto está principalmente relacionado com os problemas e as falhas de desempenho (empreiteiros e proprietários). Atualmente, o sector da construção enfrenta um grave problema de má gestão dos custos, que se traduz num enorme excesso de custos. O crescimento socioeconómico de um país depende em grande medida da indústria da construção, uma vez que esta fornece as infra-estruturas necessárias, tais como estradas, hospitais, escolas e outras instalações básicas e melhoradas [5].

No sector da construção, os custos excessivos são habituais. Na Índia, são poucos os projectos que são concluídos de acordo com os custos inicialmente previstos. De acordo com os relatórios do Ministro das Estatísticas em 31 dest março de 2012, dos 555 projectos em curso, 179 tinham custos superiores em 1,23 milhões de rupias. As suas principais causas foram a subestimação dos custos, a alteração das taxas de câmbio e dos direitos legais, o aumento do custo dos terrenos, o elevado custo das salvaguardas ambientais e das medidas de reabilitação, a inflação e o atraso nos projectos. De acordo com os relatórios, os projectos dos caminhos-de-ferro foram os primeiros a exceder os custos em 69 551,81 milhões de rupias, os do petróleo em 15 886,71 milhões de rupias e os da energia em 15 113,80 milhões de rupias. O custo dos projectos aumentou 6 187,54 milhões de rupias, 5 272,90 milhões de rupias e 4 838 milhões de rupias nos sectores do aço, do desenvolvimento urbano e da energia atómica, respetivamente [32].

Quadro 1.1: Projectos com custos e prazos excedidos [35]

Sr. No.	Sector	Total Projects	Projects Having			
			Delay		Cost Overrun	
			W.r.t. Original schedule	W.r.t. Revised schedule	W.r.t. Original schedule	W.r.t. Revised schedule
1	Atomic energy	4	3	3	2	2
2	Civil aviation	3	2	1	2	2
3	Coal	92	38	35	5	4
4	Fertilisers	2	1	0	2	1
5	Mines	4	0	0	0	0
6	Steel	34	18	17	5	3
7	Petroleum	101	31	7	19	10
8	Power	125	59	33	43	14
9	Heavy industry	1	1	1	1	1
10	Health and family welfare	13	2	2	1	1
11	Railways	350	33	36	202	192
12	Road transport and Highways	480	63	63	42	32
13	Shipping and ports	8	2	2	5	5
14	Telecommunications	3	1	1	0	0
15	Urban development	35	20	14	2	2
16	Defence production	2	0	0	0	0
Total		1257	274	215	331	269

1.3Sector da construção de estradas na Índia

Segundo informações de novembro de 2017, a Índia tem a segunda maior rede rodoviária do mundo, com uma extensão de 5,4 milhões de quilómetros. O ministério dos transportes rodoviários e das auto-estradas é o organismo responsável pelas estradas indianas. O governo da Índia toma iniciativas para ter a melhor e mais desenvolvida rede rodoviária do mundo. Para levar a cabo estas iniciativas e dispor de infra-estruturas de transporte de qualidade, tempo e custo adequados são essenciais. A infraestrutura rodoviária do país está a aumentar de tempos a tempos. Desempenha um papel vital para o desenvolvimento de um país, uma vez que é utilizada para transportar mais de 60% do total de mercadorias e 85% do tráfego de passageiros [39].

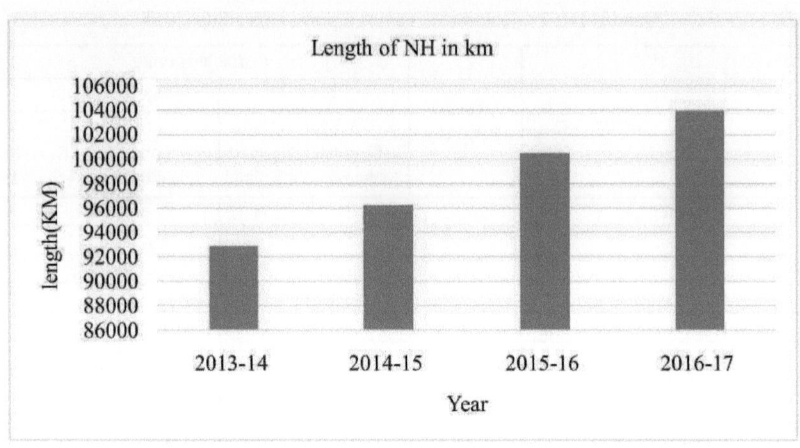

Fig. 1.1 Crescimento das auto-estradas nacionais na Índia [33]

Uma vez que quase todos os passageiros e mercadorias são os utilizadores da estrada, o governo está a dar ênfase às restrições triplas dos projectos. Nos departamentos de transportes rodoviários, é muito comum ver projectos que não são concluídos dentro do prazo e do custo previsto. Os atrasos e os custos excessivos são causados por problemas internos e externos ao projeto e fora dele. Esses factores são, por exemplo, erros de conceção, condições meteorológicas, aumento do âmbito dos projectos, condições do local e outras alterações do projeto[16].

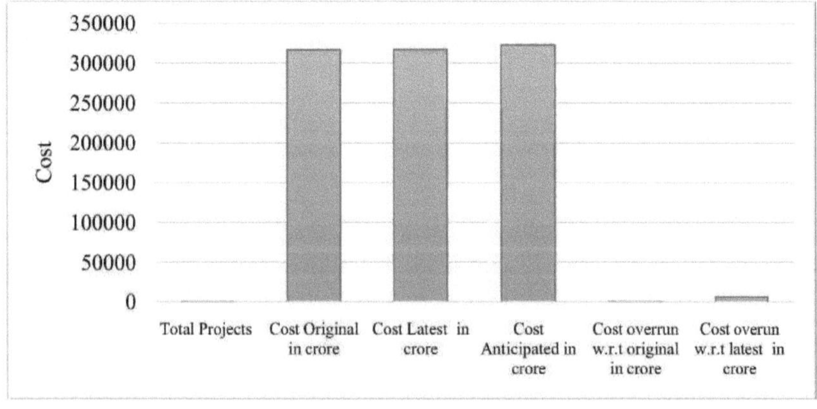

Fig. 1.2: Ultrapassagem de custos em projectos rodoviários na Índia[35]

1.4Gujarat Setor da construção rodoviária

O Estado de Gujarat está situado na parte ocidental da Índia. O Estado dispõe de boas infra-estruturas de transportes com uma vasta rede de estradas. O Departamento de Estradas e Construção do Estado é responsável pela construção e manutenção de estradas, incluindo as estradas Panchayat no Estado. O departamento tem seis sucursais em vinte e seis distritos.

Existem dezassete auto-estradas nacionais com uma extensão de 4 032 km e mais de 300 auto-estradas estatais com 19 761 km no estado. A autoestrada estatal liga a sede e as principais cidades do estado, as auto-estradas nacionais e as auto-estradas estatais vizinhas ou as auto-estradas nacionais [38].

Tal como noutras construções, a construção de estradas em Gujarat também se confronta com o problema dos custos e dos prazos excessivos. Devido a este problema, este estudo é efectuado com o objetivo de identificar as causas e apresentar recomendações para ultrapassar o problema.

Quadro 1.2: Tipo de estrada e respetivo comprimento em Gujarat [38]

Sr. No.	Type of Road	Length (in km)	%
1	National highways	4032	7
2	State highways	19761	36
3	Panchayat roads	30019	54
4	Sugarcane roads	1746	3

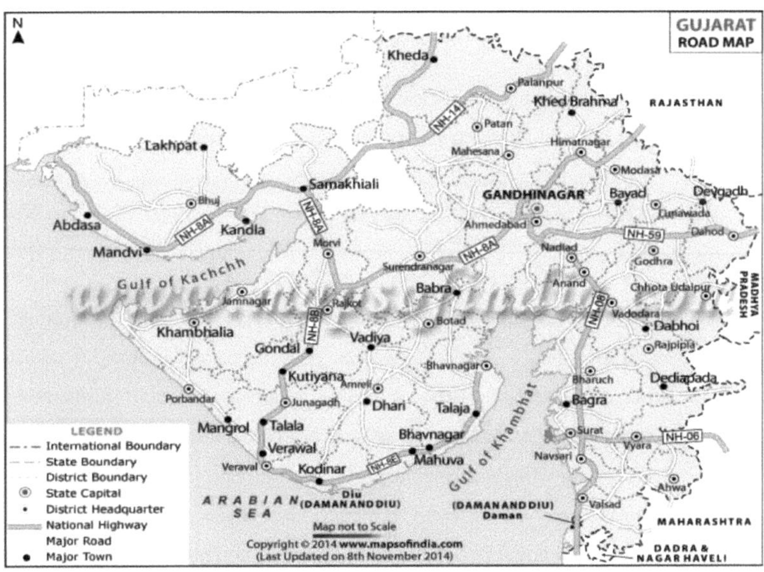

Fig. 1.3: Mapa da rede rodoviária de Gujaratro [40]

1.5Declaração do problema

Os projectos de construção têm dificuldades como os métodos de construção e a administração, bem como a limitação de recursos, orçamento, qualidade e tempo. Os problemas críticos são a incapacidade de concluir os projectos a tempo e com o orçamento previsto.

No estudo "Delay in Execution of Infrastructure Projects-Highway Construction" (Atrasos na execução de projectos de infra-estruturas - construção de auto-estradas), [16] o estudo baseou-se em 53 causas e 11 efeitos dos atrasos nos projectos de construção de auto-estradas. Agruparam os factores que causam os atrasos em factores relacionados com os proprietários, com os empreiteiros, com os consultores, com os serviços e utilidades, com a regulamentação governamental e com o ambiente externo, mas não discutiram os factores que causam os custos excessivos.

[28] No seu estudo "Elements of Cost and Schedule Overrun in Construction Projects", o excesso de tempo e de custos tem sido um problema importante no sector da construção. Concluíram que os atrasos devidos à aquisição de terrenos, os atrasos na montagem do equipamento, a mobilização inadequada dos empreiteiros, os atrasos na autorização florestal, as restrições de fundos, a alteração do âmbito, os atrasos no fornecimento de equipamento, os problemas de ordem pública, a anulação de concursos, o progresso lento da construção e a escalada dos custos foram as principais causas de atrasos e de derrapagens. No entanto, não estudaram os seus efeitos.

De acordo com [14] no estudo "Analysis of Cost and Schedule Overrun in Construction Projects", os custos de transporte elevados, a alteração da especificação dos materiais, a escalada do preço dos materiais, as avarias frequentes das instalações e equipamentos de construção e o retrabalho são as principais causas dos custos excedentários na construção indiana. No entanto, não identificaram os impactos desses excessos.

Assim, o tema em questão é original e abordará o problema dos projectos de construção de estradas em Gujarat. Porque, à semelhança de outros tipos de construção, os projectos de construção de estradas estão a sofrer derrapagens de custos e de prazos, *ou seja,* exigem orçamentos e prazos adicionais aos que foram assinados aquando da assinatura do contrato. Este problema, por sua vez, está a causar dificuldades no financiamento de projectos futuros, na utilização atempada das instalações pelo público e na relação entre as partes interessadas envolvidas no processo de construção. Os projectos rodoviários em Gujarat são vítimas de derrapagens em termos de custos e de prazos, o que justifica a realização do presente estudo.

O tema e a área de investigação foram selecionados tendo em conta a experiência do investigador, o seu interesse, a distância, a relevância do estudo, as limitações de tempo e os factores financeiros.

1.6Questões de investigação

Esta investigação tem como objetivo responder às seguintes questões de investigação

1. Quais são as várias causas de custos e prazos excessivos em projectos de construção de estradas em Gujarat?
2. Quais são os factores mais críticos que afectam o projeto de construção de estradas em Gujarat?
3. Quais são as recomendações possíveis para os principais factores?

Capítulo 2
Finalidades e objetivo do estudo

2.1 Objectivos do estudo

O objetivo deste estudo é identificar os factores que causam derrapagens de custos e de prazos e fornecer recomendações relevantes para os factores mais críticos.

2.2 Objectivos do estudo

Os objectivos dos estudos são uma série de actividades que se propõem executar no âmbito do problema de investigação.

Esta investigação tem os seguintes objectivos:

- Estudar o sistema existente de custos e prazos excedidos.
- Identificar os vários factores que provocam a ultrapassagem dos custos e do tempo dos projectos de construção de estradas em Gujarat.
- Dar recomendações sobre os factores mais críticos.

2.3 Âmbito e limitações do estudo

Esta investigação foi delimitada sobre as causas e os efeitos dos custos e dos atrasos de todos os tipos de projectos rodoviários em Gujarat e foi realizada entre empreiteiros, clientes e consultores para recolher os dados e, por fim, foram feitas recomendações sobre os factores mais críticos.

As limitações deste estudo:

- Problemas linguísticos,
- Falta de vontade de fornecer dados históricos e
- Falta de vontade das empresas de construção (clientes, consultores e empreiteiros).
- Barreiras culturais
- Problemas financeiros
- Problemas de tempo
- Distância
- Ter diferentes respostas dos

Mas resolveu as limitações acima referidas através da utilização de uma metodologia adequada.

2.4 Importância do estudo

O significado do estudo é definido como a vantagem ou os frutos do estudo. Ou seja, quem é que vai beneficiar com o estudo.

Este estudo servirá como um contributo importante para a área selecionada, a fim de identificar as causas e os efeitos do custo e do tempo excedidos. Uma vez que será o primeiro trabalho de investigação a ser documentado no estado, identificará os factores e apresentará recomendações para os factores mais críticos, espera-se que os resultados do estudo ajudem os profissionais da área e que sirvam também de referência para os académicos em futuros trabalhos de investigação.

Por último, mas não menos importante, este trabalho servirá como um cumprimento parcial do Mestrado em Tecnologia de Gestão de Projectos de Construção para o investigador.

2.5 Organização do estudo

Este trabalho de investigação é composto por seis capítulos:

> **Introdução:** este capítulo trata do contexto geral da construção, do sector da construção na Índia, do sector indiano da construção de estradas e do sector da construção de estradas em Gujarat.

> **Finalidades e objectivos do estudo:** este capítulo aborda uma breve discussão das finalidades, objectivos, âmbitos e limitações, significado e organização do estudo

> **Revisão da literatura:** a secção trata dos quadros teóricos e conceptuais do custo, dos custos excedentários, do tempo e dos efeitos do tempo excedentário e do resumo da revisão da literatura.

> **Metodologia: Materiais e Métodos:** este capítulo é o cérebro de todos os capítulos e é utilizado como intermediário entre o conceito e a realidade, em suma, é a ponte de fundação. Inclui a amostragem, a recolha e a análise de dados.

> **Observações, resultados e debate** :observações, resultados de questionário e respectivas discussões, e testes de concordância sobre a classificação dos factores.

> **Resumo e Conclusões: este** é **o** último capítulo que trata **do** resumo do que foi feito, das conclusões baseadas nos resultados do estudo e da análise e das recomendações relevantes baseadas nos resultados.

Capítulo 3
Revisão da literatura

3.1 Visão geral

No estudo de investigação, a revisão da literatura é a principal fonte do que foi feito em relação ao tema. Abre uma porta para o investigador como sendo um ponto de referência.

A incapacidade de concluir os projectos a tempo e dentro do orçamento previsto continua a ser um fenómeno problemático a nível mundial. De acordo com [8], a tendência para a ultrapassagem dos custos é comum em todo o mundo. Se a construção aumenta de dimensão, isso afecta os custos e o calendário, porque os projectos não são concluídos dentro do prazo e dos custos orçamentados. Existem vários exemplos a nível nacional e internacional. Na Índia, as derrapagens de prazos e custos são uma dor de cabeça para os grandes sectores da construção[14].

As derrapagens de custos e de tempo ocorrem na maioria dos projectos de construção e a sua magnitude varia consideravelmente de projeto para projeto. Por isso, é essencial definir as causas reais dos excessos de tempo e de custos, a fim de minimizar e evitar os atrasos e o aumento dos custos em qualquer projeto de construção.

3.2 Ultrapassagem de custos

3.2.1 Definição de excesso de custos

O custo é a despesa orçamentada que o cliente concordou em efetuar para criar/adquirir a instalação de construção desejada [41]. A ultrapassagem de custos é o montante pelo qual os custos efectivos excedem a base de referência ou os custos aprovados. Define-se como a diferença positiva entre o custo final ou real de um projeto de construção no final e o montante do contrato acordado pelo cliente e o empreiteiro durante a assinatura do contrato [45]. Os custos reais são definidos como os custos contabilizados efetivamente despendidos, determinados no momento da conclusão do projeto [41]. Os custos estimados são definidos como os custos orçamentados ou previstos no momento da aprovação do projeto, que são normalmente semelhantes aos custos apresentados no business case do projeto [12].

Nos projectos de construção, a ultrapassagem de custos é um fenómeno comum em todo o mundo. Diferentes académicos definiram a ultrapassagem de custos em diferentes épocas e de diferentes formas. Os seguintes académicos definem os custos excessivos da seguinte forma

De acordo com [19], os custos excessivos são a diferença ou os desvios entre o custo inicialmente estimado durante a fase de conceção e o custo real incorrido durante a fase de construção. Se o custo total real exceder o custo orçamentado que foi estimado durante a fase de conceção, isso afectará drasticamente o tempo de conclusão do projeto e causará também muitos problemas.

A ultrapassagem de custos é o montante pelo qual os custos efectivos excedem os custos de base ou aprovados. Define-se como a diferença positiva entre o custo final ou real de um projeto de construção no momento da conclusão e o montante do contrato acordado pelo cliente e o empreiteiro durante a assinatura do contrato [45].

3.2.2 Causas da ultrapassagem de custos

A ultrapassagem de custos é uma dor de cabeça no sector da construção. Foram efectuados diferentes estudos em diferentes épocas e em diferentes áreas, mas o problema não é eliminado devido à natureza complexa da indústria. Foram efectuados os seguintes estudos sobre esta questão. Os custos de transporte elevados, a alteração das especificações dos materiais, a escalada do preço dos materiais, as avarias frequentes das instalações e dos equipamentos de construção e o retrabalho foram os factores mais significativos que causaram os custos excessivos [14].

[28] No seu estudo "Elements of Cost and Schedule Overrun in Construction Projects", o excesso de tempo e de custos tem sido um problema frequente na indústria da construção. Concluíram que a aquisição de terrenos, a anulação de concursos, a fraca mobilização dos empreiteiros, a montagem de equipamento, as restrições de fundos, os problemas de ordem pública, o atraso no fornecimento de equipamento, a alteração do âmbito, a limpeza das florestas, o progresso lento da construção e a escalada dos custos eram a principal fonte de atrasos e de derrapagens.

[27] no seu estudo sobre "Causes of Cost Overrun in Construction", indicaram que os custos excessivos são a dor de cabeça do sector na Índia. Foi adotado um inquérito por questionário e um estudo documental para identificar os factores que causam os custos excessivos. Utilizando o teste de correlação de postos de spearman, os inquiridos tinham percepções semelhantes sobre as causas dos custos excessivos. Por fim, concluem que "a lentidão na tomada de decisões, a má gestão do calendário, o aumento dos preços dos materiais/máquinas, a má gestão dos contratos, a má conceção/atraso na elaboração da conceção, o retrabalho devido a trabalhos incorrectos, os problemas na aquisição de terrenos, o método de estimativa/estimativa incorreto e o longo período entre a conceção e o momento da apresentação de propostas/concurso".

Causas do aumento de custos

- Subestimação do custo inicial

- *Variação das taxas de câmbio e dos direitos estatutários*

- *Custo elevado das salvaguardas ambientais e das medidas de reabilitação*

- *Aumento dos custos de aquisição de terrenos*

- *Alterações no âmbito dos projectos*

- *Preços monopolistas praticados pelos vendedores de serviços de equipamento*

- *Geral Aumento dos preços/inflação*

- *Condições perturbadas*

- *Tempo excedido.* [35]

[25] No seu estudo "Project Cost Overrun in Infrastructure Project: Indian Scenario", concluíram que a lentidão das decisões, a má conceção, a inflação dos preços dos materiais, os preços das máquinas, a má gestão dos contratos, os atrasos na conceção, o retrabalho devido a trabalhos incorrectos, a aquisição de terrenos, a estimativa incorrecta e o método de estimativa eram as principais causas do excesso de custos.

Os projectos de infra-estruturas indianos são conhecidos pelos excessos de tempo e de custos. Por exemplo, o projeto de ligação Bandra-Worlisea, cujo custo previsto era de 300 milhões de rupias para ser concluído em 2004, custou no final 1 600 milhões de rupias, com um atraso de cinco anos. Dificilmente, muito poucos projectos são concluídos dentro do prazo e do custo, mas a sua extensão não foi estudada. A privatização do serviço público e a construção, operação e transferência (BOT) também são recomendadas para a construção de auto-estradas nacionais para evitar o problema. Os factores técnicos e naturais, as falhas contratuais, as falhas organizacionais ou institucionais, os excessos de tempo e os factores económicos foram as causas do problema. O estudo tinha como objetivo investigar as causas dos atrasos e dos custos excessivos em projectos de infra-estruturas financiados por fundos públicos na Índia [20].

"Analysis of Cost Overrun in Road Construction Activities: A Critical Review", [19] identificou 30 factores e concluiu que a aquisição de terrenos, a escalada dos custos dos salários dos trabalhadores e dos materiais, o financiamento e os pagamentos das obras concluídas (atrasos nos pagamentos), a força maior (ato de Deus), as alterações de conceção durante a fase de construção, os atrasos na deslocação dos serviços públicos existentes, o aumento das quantidades de materiais devido às condições reais do local, a indisponibilidade de materiais de construção, os erros de conceção, a instabilidade ou o aumento das taxas de juro foram os principais factores que afectaram os projectos de construção de estradas na Índia. As suas recomendações são, respetivamente, as seguintes

- A identificação precoce dos terrenos é conseguida através da formação de uma equipa especial para a aquisição de terrenos e da formação do pessoal-chave.
- Utilizar um fator de agravamento dos custos realista para as estimativas dos projectos e previsões antecipadas do agravamento dos custos com base no valor futuro do dinheiro nas estimativas dos projectos.
- O contrato deve mencionar um período de tempo realista e deve igualmente ser elaborado um plano financeiro que inclua a data de pagamento e o montante a liquidar.
- Incluir disposições relativas a casos de força maior no caderno de encargos. Os pagamentos e prazos suplementares calculados para fazer face a este tipo de catástrofes devem igualmente ser mencionados nas condições do contrato.
- A aprovação final do projeto deve ser feita antes do início dos trabalhos e da obtenção da autorização - Após a aquisição do terreno, o plano de remoção dos serviços públicos deve ser adotado na fase de pré-construção
- É necessário prever um prazo suficiente para preparar a proposta e determinar as quantidades.
- Estratégia de compra antes do planeamento. Inclui a compra de matérias-primas únicas e raramente disponíveis e o seu armazenamento no local antes do início da tarefa.
- Nomear um desenhador experiente e dar tempo suficiente.

De acordo com [14], os elevados custos de transporte, a alteração das especificações dos materiais, a escalada do preço dos materiais, as avarias frequentes das instalações e equipamentos de construção e o retrabalho são as principais causas de derrapagem dos custos na construção indiana.

Dos quarenta factores identificados a partir de uma análise exaustiva da literatura e de um arquivo, seis eram as principais causas dos custos excessivos. Estes foram a flutuação dos preços dos materiais, a subestimação dos custos, o atraso no fornecimento de matérias-primas, a revisão inadequada dos documentos do contrato, a falta de coordenação na fase de conceção e a falta de planeamento dos custos durante a fase pré e pós-contratual, que têm o maior impacto no desempenho dos custos do projeto na perspetiva dos clientes, consultores e empreiteiros [3].

Foi realizado um estudo documental de 70 projectos de construção de edifícios públicos concluídos na Etiópia, que foram investigados e analisados. Dos 70, 67 registaram custos excessivos. As causas mais comuns de derrapagem dos custos foram a inflação ou o aumento do custo dos materiais de construção, a alteração da taxa de câmbio (para os materiais importados), as ordens de alteração e/ou a falta de controlo das ordens de alteração excessivas, a incapacidade de identificar os problemas e de tomar as medidas necessárias e atempadas.

De acordo com [2], os cinco principais factores que afectam o excesso de custos nos projectos de construção de edifícios são: situação política, flutuação dos preços dos materiais, nível de concorrência, câmbio de moeda e instabilidade económica.

3.3 Ultrapassagem do tempo (Atraso)

3.3.1 Definições de excesso de tempo

A ultrapassagem do prazo é definida como a não conclusão de um projeto no tempo predeterminado ou estimado, enquanto o atraso é definido como o atraso na conclusão de uma determinada tarefa no tempo estimado.

Stumpf definiu o atraso como "um ato ou acontecimento que prolonga o tempo necessário para executar uma tarefa no âmbito de um contrato, que normalmente se manifesta sob a forma de dias de trabalho adicionais ou de um atraso no início de uma atividade". [26].

Os atrasos na construção podem ser definidos como o tempo excedido para além da data de conclusão especificada num contrato ou para além da data acordada pelas partes para a entrega de um projeto. Para o proprietário, o atraso significa perda de receitas devido à falta de instalações de produção e de espaço para aluguer ou à dependência das instalações actuais. Para um empreiteiro, os atrasos implicam despesas gerais mais elevadas devido ao prolongamento do prazo, aumentam os custos dos materiais devido à inflação e aumentam os custos da mão de obra [45].

Na construção, a palavra "atraso" refere-se a algo que acontece mais tarde do que o planeado, esperado, especificado num contrato ou para além da data que as partes acordaram para a entrega de um projeto [44]. A diferença entre o custo real incorrido para a construção e o custo inicialmente estimado é conhecida como custo excessivo e é um fator primordial que afecta a conclusão bem sucedida dos projectos [19].

Em geral, o atraso é definido como um prolongamento do tempo para além do previsto para concluir o projeto durante a assinatura de um contrato devido a causas internas ou externas. As causas externas de atrasos têm origem no exterior dos projectos de construção, tais como empresas de serviços públicos, governo, subcontratantes, fornecedores, sindicatos, natureza, etc. Trata-se de uma falha na conclusão do projeto dentro do prazo previsto devido à lentidão do progresso do trabalho ou devido a uma paragem num determinado momento.

3.3.2 Tipos de atrasos

É importante compreender o tipo de atrasos antes de analisar os atrasos na construção, para saber se se justifica ou não um prolongamento adicional do prazo. Os atrasos têm origem interna ou externa no processo do projeto. As causas internas de atraso incluem causas que provêm do proprietário, consultores, empreiteiros e projectistas. As causas externas de atrasos têm origem fora dos projectos de construção, como serviços públicos, natureza, fornecedores, subcontratantes, sindicatos, governo, empresas, etc.

3.3.2.1 Atraso não desculpável

Os atrasos não desculpáveis são causados exclusivamente pelo empreiteiro ou pelos seus fornecedores. Em geral, o empreiteiro não tem direito a indemnização e deve recuperar o tempo perdido através da aceleração ou indemnizar o proprietário. A indemnização por atraso pode ser feita por danos liquidados ou por danos reais. Os danos liquidados são geralmente expressos como uma taxa diária que se baseia numa previsão dos custos em que o dono da obra poderá incorrer em caso de atraso na conclusão da obra por parte do empreiteiro [11].

3.3.2.2 Atraso desculpável

Existem dois tipos de atrasos desculpáveis.

a. Atraso não indemnizável

Esta situação é causada por entidades externas ou ocorrências fora do controlo do proprietário e do empreiteiro. Por exemplo, greves, condições climatéricas invulgares, força maior, incêndios, etc. Nestas situações, o empreiteiro só tem direito a uma prorrogação do prazo e não a uma indemnização por danos causados por atrasos [11].

b. Atraso indemnizável:

É causado pelo proprietário ou pelos seus agentes. Neste tipo de atraso desculpável, o empreiteiro tem direito a uma compensação financeira e de tempo, o que expõe o proprietário a danos financeiros reclamados pelo empreiteiro [11].

3.3.3 Causas das ultrapassagens de prazos

Foram realizados muitos estudos por diferentes investigadores, em locais indiferentes e em épocas diferentes, para identificar os factores que afectam o tempo excedido nos projectos de construção.

[28] No seu estudo "Elements of Cost and Schedule Overrun in Construction Projects", o excesso de tempo e de custos tem sido um problema importante no sector da construção. Concluíram que os atrasos devidos à aquisição de terrenos, os atrasos na montagem do equipamento, a mobilização inadequada dos empreiteiros, os atrasos na autorização florestal, as limitações de fundos, a alteração do âmbito, os atrasos no fornecimento de equipamento, os problemas de ordem pública, a anulação de concursos, o progresso lento da construção e a escalada dos custos foram as principais causas de atrasos e de derrapagens.

No estudo "Delay in Execution of Infrastructure Projects-Highway Construction" (Atrasos na execução de projectos de infra-estruturas - construção de auto-estradas), [16] o estudo baseou-se em

53 causas e 11 efeitos dos atrasos nos projectos de construção de auto-estradas. Agruparam os factores que causam os atrasos em factores relacionados com os proprietários, com os empreiteiros, com os consultores, com os serviços e utilidades, com a regulamentação governamental e com o ambiente externo. Concluíram que as principais causas de atraso relacionadas com os empreiteiros eram a ineficácia do método de construção e da execução, a escassez de materiais e os problemas de pagamento entre o empreiteiro e os seus empregados. As principais causas relacionadas com o proprietário foram a interferência do proprietário durante a operação de execução, o atraso na tomada de decisões por parte do proprietário e o atraso nos pagamentos progressivos por parte do proprietário. Os principais problemas relacionados com os consultores deveram-se à falta de experiência. As causas de atraso relacionadas com serviços e utilidades foram os factores mais críticos, como indicado pelos valores elevados das suas médias de gravidade.

[17] O seu estudo baseou-se em projectos de construção de estradas concluídos na Jordânia em 20002008. Concluíram que as condições do terreno, as condições meteorológicas, a variação das encomendas e a disponibilidade de mão de obra foram as principais causas do excesso de custos e de prazos, que variam entre 101% e 600% e entre 125% e 455%, respetivamente.

[10] No seu estudo, foram identificados 52 factores que afectam o excesso de tempo, tendo-os agrupado em oito grupos. Ao realizar um inquérito no terreno, concluiu que a segmentação da Cisjordânia e a limitação dos movimentos entre áreas, a situação política, o atraso nos pagamentos do progresso por parte do proprietário, a falta de eficiência do equipamento, as dificuldades de financiamento do projeto por parte do empreiteiro, os conflitos pessoais entre os trabalhadores, a má comunicação do consultor com outras partes envolvidas na construção, o conflito entre um empreiteiro e outras partes, a adjudicação do projeto ao preço de oferta mais baixo e o calendário do projeto não razoável por parte do proprietário eram os dez factores mais frequentes que afectavam o tempo de execução, na perspetiva dos empreiteiros.

A taxa de mercado dos materiais, a falta de planeamento, a lentidão na tomada de decisões, a angariação de fundos, a alteração do contrato, a localização do projeto e a dependência dos recém-chegados para assumirem toda a responsabilidade são os factores mais significativos que causam os atrasos na construção na Índia [14].

Razões para o excesso de tempo

- *Atraso na aquisição de terrenos*
- *Atraso na obtenção de autorizações florestais/ambientais*
- *Falta de apoio a infra-estruturas e de ligações*
- *Atraso na obtenção do financiamento do projeto*

- *Atraso na finalização da engenharia de pormenor*

- *Alterações no âmbito*

- *Atraso nos concursos, nas encomendas e no fornecimento de equipamento*

- *Problemas de Law & Order*

- *Surpresas geológicas.*

- *Problemas iniciais antes da colocação em funcionamento*

- *Questões contratuais* [35]

[46] De acordo com o inquérito aos profissionais da construção nos Camarões, as seis principais causas de derrapagem dos custos e de atrasos nos projectos de auto-estradas e pontes são

1. Negligência de visitas ao local antes/durante o processo de concurso

2. Estudos técnicos fracos e insuficientes

3. Falta de planeamento/programação do projeto

4. Subestimação das estimativas de custos e dos calendários/Superestimação dos benefícios

5. Falta de equipamento

6. Procedimentos de concurso

[49] No seu estudo "Analysis of Factors Contributing to time overruns on Road Construction Projects under Addis Ababa City Administration", estudou projectos de construção de estradas de asfalto concluídos entre 2000-2005 E.C. Constatou que 80% dos projectos sofrem de excesso de prazo. Concluiu que a lentidão na limpeza do local, os problemas financeiros dos empreiteiros, a inflação, os atrasos nos pagamentos progressivos por parte do proprietário, a estimativa incorrecta dos custos e os atrasos no início dos trabalhos eram as causas mais importantes do excesso de prazo.

Das 47 causas, a lentidão na tomada de decisões, as alterações às encomendas, os prazos irrealistas e as especificações contratuais deficientes, os constrangimentos financeiros do empreiteiro e o tipo de processo de concurso e de adjudicação do contrato foram as principais causas da indústria da construção portuguesa [1].

Tabela 3.1: Factores que provocam atrasos [1]

Category	Causes of delay
Developer	✓ Delay in progress payments by developer ✓ Slow decision making by developer ✓ Change orders
Contractor	✓ Delays and changes of subcontractors ✓ Inadequate construction methods ✓ Improper planning and scheduling ✓ Mistakes during construction ✓ Inadequate contractor experience
Consultant	✓ Delay in approval of drawings ✓ Delay in quality control ✓ Lack of control over subcontractor
Material	✓ Inadequate material quality ✓ Damaged materials ✓ Shortage in materials ✓ Delay in material delivery ✓ Delay in materials procurement ✓ Change in material prices
Labor and Equipment	✓ Lack of qualified Labor ✓ Low Labor productivity ✓ Equipment availability and failure ✓ Inadequate equipment
Design	✓ Mistakes and discrepancies in drawings ✓ Delay in producing design documents
External Causes	✓ Unforeseen site conditions ✓ Unavailability of utilities in site ✓ Weather conditions
Authority	✓ Changes in government regulations

Em geral, a partir da literatura acima referida, os factores que afectam os projectos de construção são categorizados em oito grupos, de acordo com as suas fontes. São eles: relacionados com o proprietário, relacionados com o contratante, relacionados com o projeto, relacionados com a mão de obra, relacionados com o equipamento e o material, relacionados com o designer, relacionados com o consultor e relacionados com o exterior.

3.4 Implicações da ultrapassagem de prazos e custos

O custo e o tempo são os principais critérios para medir o sucesso do projeto. Os projectos de construção nos países em desenvolvimento são executados com recursos escassos e com falta de materiais [47]. Geralmente, um projeto é considerado bem sucedido se o projeto for concluído dentro de um custo ou orçamento declarado e também se for feito a tempo e cumprir os objectivos do projeto. O segundo fator mais importante que afecta o sucesso do projeto é o tempo necessário para o concluir; está sempre relacionado com as perdas financeiras, devido à falta de fontes financeiras para concluir o projeto [48]. O excesso de tempo e de custos tem implicações e afecta o desempenho do projeto de construção e o cliente ou o proprietário do projeto e cria desacordos entre o proprietário e o empreiteiro. Embora o tempo e o custo sejam afectados por muitos factores internos e externos, são considerados um indicador bom e mensurável do desempenho e do sucesso do projeto. A satisfação do cliente é um fator determinante da avaliação do desempenho do empreiteiro e o interesse a longo prazo do cliente no desempenho do empreiteiro está no trabalho realizado.

3.5 Efeitos das ultrapassagens de custos e de prazos

Nos projectos de construção, as expectativas do cliente são as triplas restrições do projeto: custo, tempo e qualidade. Mas o sector da construção é bem conhecido pelos custos e prazos excessivos. Isto deve-se à natureza da indústria, *ou seja*, tem actividades diferentes e complexas, diferentes partes e factores internos e externos. Estes factores têm impactos negativos para o cliente, os utilizadores finais, os participantes e a indústria no seu conjunto. O cliente vê-se obrigado a gastar mais dinheiro e a esperar mais tempo do que o previsto.

Para além do cliente, os utilizadores finais dos projectos também são grandemente afectados. Tem efeitos óbvios para os principais interessados, em particular, e para o sector da construção em geral. Para o empreiteiro, implica perda de lucros por falta de conclusão e difamação que pode pôr em risco as suas hipóteses de ganhar novos trabalhos, em caso de culpa. Para o sector no seu conjunto, as derrapagens de custos podem provocar o abandono do projeto e uma quebra na atividade de construção, má reputação e incapacidade de assegurar o financiamento do projeto ou assegurá-lo a custos mais elevados devido aos riscos acrescidos [15]. Todos estes efeitos põem em perigo a sustentabilidade e a viabilidade do sector da construção no seu conjunto.

Os efeitos dos custos e dos excessos não se limitam à indústria da construção, reflectindo-se também no estado da economia global de um país. Segundo estes autores, os atrasos e os custos excessivos nos projectos de construção impedem o aumento previsto da produção imobiliária e de serviços e este fenómeno, por sua vez, afecta negativamente a taxa de crescimento nacional [7].

3.5.1 Aumento dos custos e do tempo

A ultrapassagem dos custos e do calendário pode complicar ainda mais uma situação de ultrapassagem, uma vez que, muitas vezes, é necessário muito tempo para garantir financiamento adicional para cobrir as ultrapassagens [9]. Nalguns casos, devido a derrapagens do custo e do prazo do projeto, pode ser necessário renegociar para obter novas aprovações, o que também conduz a novas derrapagens.

3.5.2 Litígios contratuais e contencioso

Em qualquer sector da construção, as expectativas são de concluir o trabalho em causa de acordo com as especificações e os acordos, com qualidade, dentro do orçamento previsto e dentro do prazo. No entanto, pelo contrário, a maioria dos projectos de construção não o consegue fazer. Devido a esse fracasso, os participantes no projeto ficam em apuros, o que leva a disputas contratuais, litígios e arbitragem. Estes efeitos também causam mais custos e tempo extra.

3.5.3 Perceção negativa do público

As ultrapassagens significativas em projectos de infra-estruturas públicas críticas geram frequentemente uma perceção pública negativa e suspeitas de corrupção e ineficiência, reduzindo assim a atratividade do investimento [6]. Os utilizadores finais do projeto podem questionar-se sobre a razão de tais atrasos e custos excessivos. Nessa altura, podem surgir diferentes percepções negativas, o que pode estar na origem de conflitos.

3.5.4 Perda de emprego e de rendimentos

É sabido que os transportes rodoviários absorvem a maior parte do tráfego, facilitando a chegada atempada de passageiros e mercadorias ao seu destino. No entanto, se as estradas forem suspensas para terminar a tempo e com o custo previsto, perdem o seu rendimento e o seu emprego. As estradas são construídas para acrescentar valores aos utentes e também ao país.

3.5.5 Abandono total

O efeito adverso mais crítico dos atrasos nos projectos de construção é o abandono, que pode ser temporário ou em piores condições e ter uma duração permanente. As principais causas, relacionadas com o cliente, com o consultor, com o empreiteiro e com o exterior, podem levar ao atraso do projeto [4].

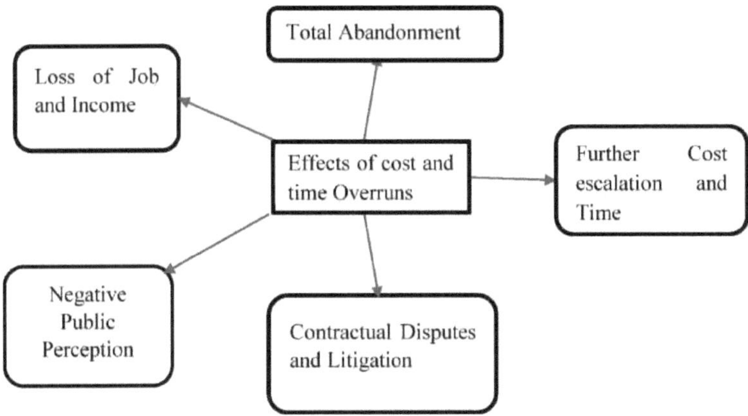

Fig. 3.1: Efeitos das derrapagens de custos e de prazos [11]

3.6 Resumo da revisão da literatura

A revisão da literatura é obrigatória e abre as portas ao investigador sobre o tópico que foi feito por investigadores anteriores. Devido a esta necessidade, foi efectuada uma revisão da literatura através de jornais, livros, teses e fontes da Internet relacionadas com o tema. Verificou-se que os custos e os atrasos são o problema da indústria da construção e afectam negativamente a economia em geral. Trata-se de um fenómeno comum em todo o mundo, ao qual a maioria dos investigadores presta atenção para eliminar ou minimizar o problema. Devido à natureza da indústria, os problemas são cada vez maiores e é por isso que continuam a existir atualmente. Mas isso não significa que todas as causas sejam as mesmas em todo o mundo. As causas dependem da natureza

do sector, do seu ambiente e do desempenho dos seus participantes. Se os projectos não forem concluídos de acordo com o acordado, isso terá um efeito adverso para as partes e para o projeto. O facto de não serem concluídos a tempo e dentro do orçamento previsto levanta a questão controversa da responsabilidade pelos atrasos, que pode dar origem a conflitos que são frequentemente objeto de negociações ou de tribunais.

Ao consultar literaturas anteriores, livros, trabalhos de tese, fontes da Internet, experiências do investigador e ao perguntar a pessoas que exercem a profissão, identificou e consultou as causas e efeitos identificados. Com base nos contributos dos profissionais no terreno, foi elaborado um inquérito por questionário para recolher os dados.

Por último, foram identificados noventa factores (16 para o excesso de custos e 74 para o excesso de tempo) com base em literatura, livros, teses e fontes da Internet e através de perguntas a profissionais.

Quadro 3.2: Factores identificados que afectam os custos excessivos dos projectos de construção de estradas em Gujarat

No.	Factor
1)	Inadequate review for drawings and contract documents.
2)	Design changes
3)	Lack of cost planning/monitoring during pre-and post-contract stages
4)	Technical incompetence, poor organizational structure, and failures of the enterprise
5)	Unpredictable weather conditions
6)	Contractual claims, such as, extension of time with cost claims.
7)	Additional work at owner's request
8)	Indecision by the supervising team in dealing with the contractor's queries resulting in delays.
9)	Fluctuations in the cost of materials
10)	Topography
11)	Design errors
12)	Public anxiety.
13)	Site Condition
14)	Shifting of existing utilities
15)	Force majeure
16)	Land acquisition

Quadro 3.3: Factores identificados que afectam os atrasos nos projectos de construção de estradas em Gujarat

Group	Factor
Project related	Contract duration is too short
	Limited construction area
	Inconvenient site access
	Terrain condition
	Poor ground condition
	Award project to lowest bid price
Client related	Delay in progress payments by owner
	Delay to furnish and deliver the site to the contractor by the owner
	Change orders by owner during construction
	Late in revising and approving design documents by owner
	Delay in approving shop drawings and sample materials
	Poor communication and coordination by owner and other parties
	Slowness in decision making process by owner
	Conflicts between joint-ownership of the project
	Unavailability of incentives for contractor
	Suspension of work by owner
Contractor related	Difficulties in financing project by contractor
	Conflicts in sub-contractors' schedule in execution of project Contractor
	Rework due to errors during construction
	Conflicts b/w contractor and other parties (consultant and owner)
	Poor site management and supervision by contractor

	Poor communication and coordination by contractor with other parties
	Ineffective planning and scheduling of project by contractor
	Improper construction methods implemented by contractor
	Delays in sub-contractors' work
	Inadequate contractor's work
	Frequent change of sub-contractors because of their inefficient work
	Poor qualification of the contractor's technical staff
	Delay in site mobilization
Consultant related	Delay in performing inspection and testing by consultant
	Delay in approving major changes in the scope of work by consultant
	Poor communication/coordination between consultant and other parties
	Late in reviewing and approving design documents by consultant
	Conflicts between consultant and design engineer
	Inadequate experience of consultant
Designer related	Mistakes and discrepancies in design documents
	Delays in producing design documents
	Unclear and inadequate details in drawings
	Complexity of project design
	Misunderstanding of owner's requirements by design engineer
	Inadequate design-team experience
	Insufficient data collection and survey before design
Material related	Shortage of construction materials in market
	Changes in material types and specifications during construction
	Delay in material delivery
	Damage of sorted material while they are needed urgently
	Delay in manufacturing special building materials
	Inflation in material prices
	Late in selection of finishing materials due to diversity in market

Equipment related	Equipment breakdowns
	Shortage of equipment
	Low level of equipment-operator's skill
	Low productivity and efficiency of equipment
	Lack of high-technology mechanical equipment
	Wrong selection
Labor related	Shortage of labors
	Unqualified workforce
	Labor strike at site
	Low productivity level of labors
	Personal conflicts among labors
	Weak motivation
External related	Security
	Corruption
	Natural disasters (flood, landslides, …)
	Effects of subsurface conditions (e.g. soil, high water table, etc.)
	Inclement weather (very cold, very hot, rain…)
	Unavailability of utilities in site
	Effect of social and cultural factors
	Traffic control and restriction at job site
	Accident during construction
	Delay in providing services from utilities (such as water, electricity)
	Changes in government regulations and laws
	Poor government judicial system for construction dispute settlement
	Market inflation

Capítulo 4
Metodologia: Materiais e métodos

4.1 Visão geral

Este capítulo trata da metodologia da presente dissertação. Os tópicos incluídos neste capítulo são a estratégia de investigação, a conceção da investigação e o método de recolha e análise de dados.

4.2 Estratégia de investigação

De acordo com [43], a estratégia de investigação é definida como a forma como os objectivos da investigação podem ser questionados. Há dois tipos de estratégias de investigação utilizadas nos estudos, a investigação quantitativa e a qualitativa. A abordagem qualitativa procura obter conhecimentos e compreender a perceção que as pessoas têm do "mundo", quer como indivíduos quer como grupos, enquanto a abordagem quantitativa é utilizada para recolher dados factuais e estudar as relações entre os factos e a forma como essas relações estão de acordo com as teorias e os resultados de qualquer investigação realizada anteriormente [42].

4.3 Conceção da investigação

A conceção da investigação é o plano estratégico para o processo de investigação em investigação científica, a conceção de um estudo de investigação envolve o desenvolvimento de um plano ou estratégia que orientará a recolha e análise de dados.

> *"A conceção da investigação é o conceito, uma estrutura no âmbito da qual a investigação é efectuada. Constitui o plano para a recolha, a medição e a análise dos dados. A conceção da investigação significa um planeamento antecipado dos métodos a adotar para a recolha dos dados relevantes e das técnicas a utilizar para a sua análise, que são relevantes para os objectivos sujeitos à disponibilidade de pessoal, dinheiro e tempo. De facto, a conceção da investigação tem uma grande influência nos resultados de qualquer investigação." [34]*

4.4 Método de amostragem

A amostragem é o processo de seleção de unidades representativas da população em estudo no âmbito de uma investigação. Uma amostra é uma pequena proporção de uma população que pode representar para observação e análise selecionadas. Para este trabalho de investigação, foram selecionados aleatoriamente noventa (90) inquiridos de empresas contratantes (empreiteiros, consultores, clientes).

Determinar a dimensão da amostra da população ilimitada [29].

$$SS = \frac{Z^2 * P(1-P)}{e^2} \text{...} \quad \text{Equation 4.1}$$

Onde, SS = Tamanho da amostra

Z = valor Z (por exemplo, 1,96 para um nível de confiança de 95%)

P = Percentagem de escolha, expressa em decimais (0,50 utilizado para a dimensão da amostra necessária).

C = Margem de erro, supor (5%)

$$SS = \frac{1.96^2 * 0.5(1-0.5)}{0.05^2} = 384$$

Correção para população finita

$$SSnew = \frac{ss}{1 + \frac{ss-1}{Pop}} \ldots\ldots\ldots\ldots\ldots\ldots\ldots\ldots\ldots \quad \text{Equation 4.2}$$

Onde, Pop= Amostra da população

Por conseguinte, utilizando as fórmulas acima referidas com 95% de confiança, a resposta pode ser prevista para:

$$SSnew = \frac{384}{1 + \frac{384-1}{90}} = \cong 74$$

4.5 Método de recolha de dados

O inquérito por questionário é um dos instrumentos de recolha de dados, em que são enviados questionários preparados aos inquiridos para que estes respondam. Este método de recolha de dados é aplicável à maioria dos investigadores que o utilizam nos seus inquéritos, porque permite poupar dinheiro, tempo e, ao mesmo tempo, obter grandes quantidades de dados. Seguem-se exemplos que utilizaram o questionário nos seus estudos, [3][13][45][47][49] etc. O inquérito por questionário foi utilizado para recolher os dados das empresas de construção (cliente, empreiteiros e consultores). Depois de os factores terem sido identificados a partir de revisões da literatura, trabalhos de teses, livros, interrogando pessoas da profissão, e os factores identificados a partir da literatura também foram verificados quanto à sua existência pelos profissionais da área. Após a verificação, o questionário foi testado através de um estudo-piloto que expõe os pontos fracos e a clareza, caso existam.

4.5.1 Conceção do questionário

Para identificar os factores que afectam os projectos de construção de estradas em Gujarat, recorreu-se a uma revisão da literatura de artigos, teses e outras fontes que foram feitas anteriormente na Índia e noutros países, perguntando a pessoas da profissão. Os factores recolhidos da literatura foram verificados pelos profissionais para saber se existem ou não nos projectos rodoviários de Gujarat, uma vez que os factores de um local podem não ser factores de outro local. Foi identificado um total de 90 factores que afectam a construção de projectos rodoviários em Gujarat.

Dos 90 factores, 16 factores afectam os custos excessivos e 74 factores afectam o tempo excessivo. O questionário preparado foi distribuído e solicitado a ser preenchido pelos inquiridos, sendo utilizado para avaliar as percepções dos clientes, consultores e empreiteiros sobre os factores que afectam os atrasos e os custos excessivos em projectos de construção de estradas em Gujarat, com base nos seus conhecimentos e experiência.

4.5.2 Conteúdo do questionário

O questionário tem três partes, relacionadas com informações organizacionais gerais, factores que afectam os atrasos nos projectos de construção de estradas em Gujarat e factores que afectam os custos dos projectos de construção de estradas em Gujarat.

A. Informações gerais sobre a organização

Esta parte contém sete itens relacionados com informações organizacionais gerais, como o nome da organização, o tipo de empresa, a responsabilidade dos inquiridos, a experiência profissional, etc. (ver Anexo I).

B. Factores que afectam os custos excessivos dos projectos de construção de estradas em Gujarat

Esta parte contém os factores que afectam os custos excessivos nos projectos de construção de estradas. Estes factores foram colhidos em teses, literatura, livros e em entrevistas com profissionais da área. Esta parte inclui um total de 16 factores (ver Anexo I).

C. Factores que afectam os atrasos nos projectos de construção de estradas em Gujarat

Esta parte do questionário é composta por 74 factores que causam os excessos de prazo, agrupados em nove (9) grupos principais. Estes grupos são: factores relacionados com o projeto, factores relacionados com o cliente, factores relacionados com o empreiteiro, factores relacionados com o consultor, factores relacionados com o projetista, factores relacionados com o material, factores relacionados com o equipamento, factores relacionados com a mão de obra e factores relacionados com o exterior (ver Anexo I).

4.5.3 Medição de dados

É necessário compreender o nível de medição para selecionar o método de análise adequado. Cada medida tem o seu próprio método de análise adequado que os outros não têm. Os autores [10], [21], [22], [45] e [47] utilizaram a escala de Likert de cinco pontos ("5' Extremamente importante para „1 ' Nada importante), sendo o mesmo caso adotado neste estudo. Por conseguinte, uma vez identificadas as causas do excesso de custos e de tempo, os inquiridos foram convidados a classificar as causas com base nos seus conhecimentos e experiência. A escala cardinal é uma escala de classificação de dados que utiliza normalmente números inteiros por ordem crescente, como se pode ver no quadro 4.1.

N.B.: *A escala de Likert* é uma medida da atitude, da opinião e dos valores de uma pessoa para saber se concorda com a afirmação séria do questionário.

Tabela 4.1: Escalas que representam a importância das causas

Category	Extremely Important	Very Important	Moderately Important	Slightly Important	Not Important
Scale	5	4	3	2	1

4.5.4 Estudo-piloto

Um estudo-piloto permite testar o questionário, o que implica testar a redação das perguntas, identificar perguntas ambíguas, testar a técnica utilizada para recolher os dados, etc. [43]. Após a preparação do questionário, foi efectuada uma verificação preliminar com o supervisor. Depois de discutir com o supervisor, foi efectuado um estudo-piloto para verificar o questionário com uma amostra de cinco empresas contratantes para preencher o questionário. Este estudo foi efectuado para determinar se o questionário é claro ou não e se há algum problema a alterar. A partir do estudo-piloto, os inquiridos deram pequenos contributos que foram incorporados no questionário final.

4.6 Método de análise dos dados

A metodologia de investigação é uma forma de resolver sistematicamente o problema de investigação, é uma ciência que estuda a forma como a investigação é feita cientificamente. A metodologia é a forma que se aplica para atingir os objectivos da investigação.[23] Foi utilizado o método do Índice de Importância Relativa (RΠ) para determinar a classificação das causas identificadas do excesso de tempo e de custos e o mesmo método é adotado neste estudo. O RΠ é calculado através da soma das pontuações atribuídas pelos inquiridos, dividida pelo número mais elevado vezes o número total de inquiridos (neste caso, "5" é o número mais elevado). Matematicamente, é apresentado na equação 4.3 abaixo.

$$\text{Relative Importance Index (RII)} = \frac{\Sigma W}{A * N} \dots\dots\dots\dots\dots\dots\dots\dots\dots\dots\dots\dots\dots \text{Equation 4.3}$$

Onde; W= A ponderação atribuída a cada causa pelo inquirido varia de 1 a 5, em que "1" não é importante e "5" é extremamente importante, A = A ponderação mais elevada, ou seja, "5

N= Número total de inquiridos

Os inquiridos serão de três empresas, para a mesma pergunta pode ter diferentes classificações devido a diferentes valores RΠ. Para evitar tais problemas, será adoptada a média ponderada.

$$\text{Weighted Average} = \text{WaXa} + \text{WbXb} + \text{WcXc} \dots\dots\dots\dots\dots\dots\dots\dots\dots\dots.. \text{Equation 4.4}$$

Onde; W=Peso relativo (%), X=Índice de importância relativa, a, b & c representam o empreiteiro, o consultor e o cliente, respetivamente.

4.7 Plano de fluxo de trabalho e fluxograma da metodologia

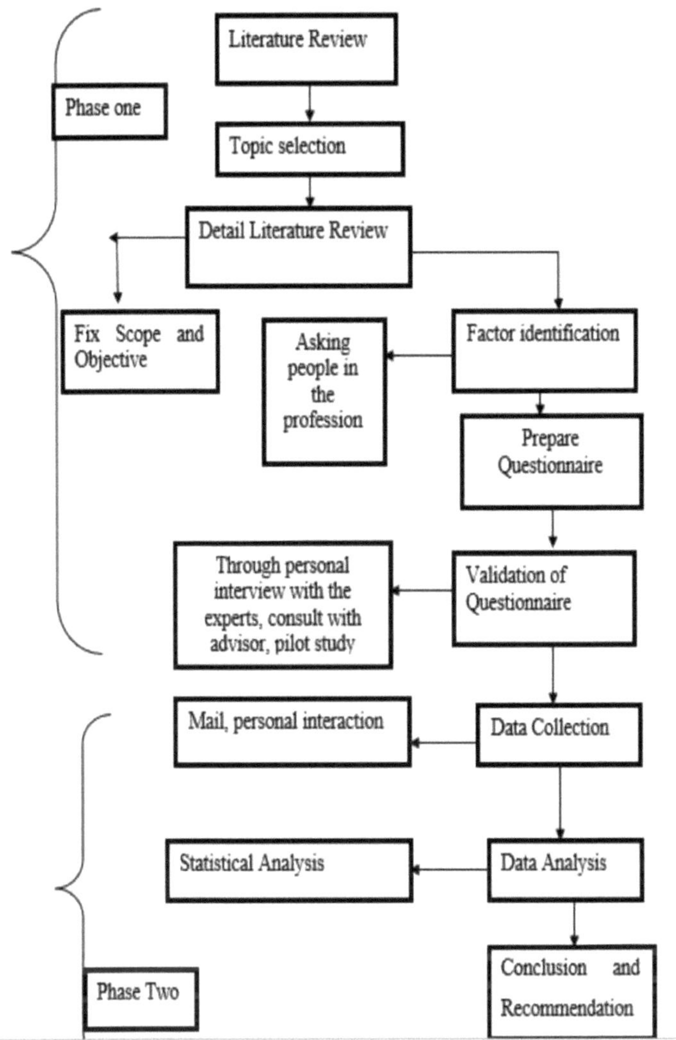

Fig. 4.1: Plano de Fluxo de Trabalho e Fluxograma da Metodologia

Capítulo 5

Observações, resultados e discussões

5.1 Visão geral

Este capítulo trata das observações do estudo documental, dos resultados e das discussões do inquérito sobre o custo e o tempo excedido dos projectos de construção de estradas em Gujarat e das classificações. Baseia-se nas respostas dadas no inquérito e apresenta comparações dos seus resultados relativos.

5.2 Observações

O estudo documental de projectos rodoviários e de outros projectos de construção concluídos e em curso na Índia mostra que existe um excesso de tempo e de custos, mas a tentativa de obter os dados históricos da área onde esta tese está a ser realizada não foi bem sucedida devido à relutância das pessoas nos gabinetes em causa. Os relatórios sobre os diferentes períodos de tempo mostram que há uma melhoria nos intervalos de ultrapassagem, mas ainda não é satisfatório devido à natureza da indústria, razão pela qual atrai a atenção dos investigadores para se concentrarem nesta área para identificar, comparar e/ou apresentar soluções para minimizar ou evitar. O tópico seguinte trata dos resultados do estudo documental.

5.2.1 Resultados do estudo documental

Antes de iniciar o estudo detalhado, foram efectuados contactos com as pessoas que exercem a profissão. As respostas das pessoas confirmaram que existia/existe um problema de custos e prazos excedidos, mas não se disponibilizaram para fornecer os dados históricos dos custos e prazos dos projectos concluídos/em curso relativamente aos custos e prazos originais. Na Índia, os relatórios históricos mostram que o risco de ultrapassagem de prazos e custos está a diminuir de tempos a tempos[35], mas continua a atrair a atenção dos investigadores para esta área, porque essa diminuição não é suficiente e a natureza da indústria é complexa. O quadro 1.1 do capítulo 1 e os seguintes são ilustrações de relatórios sobre custos e prazos.

"Na Índia, os projectos de infra-estruturas com um valor igual ou superior a 150 milhões de euros foram controlados pela agência de estatísticas e ultrapassados em 1,7 lakh crores devido a atrasos devidos a uma série de razões, como a aquisição de terrenos e a autorização verde. Dos 1174 projectos em curso, 431 no sector rodoviário, 355 no sector ferroviário, 125 no sector da energia e 87 no sector do carvão, verificou-se que 111, 41, 61, 38 nos sectores rodoviário, ferroviário, da energia e do carvão, respetivamente, estavam atrasados. [30]

De acordo com os relatórios de controlo do MSSPI da Índia em 1 de setembro de 2017, dos 1280 projectos de infra-estruturas com um valor igual ou superior a 150 milhões de rupias, 302 estão atrasados e os custos foram ultrapassados em 45 milhões de rupias. [31]

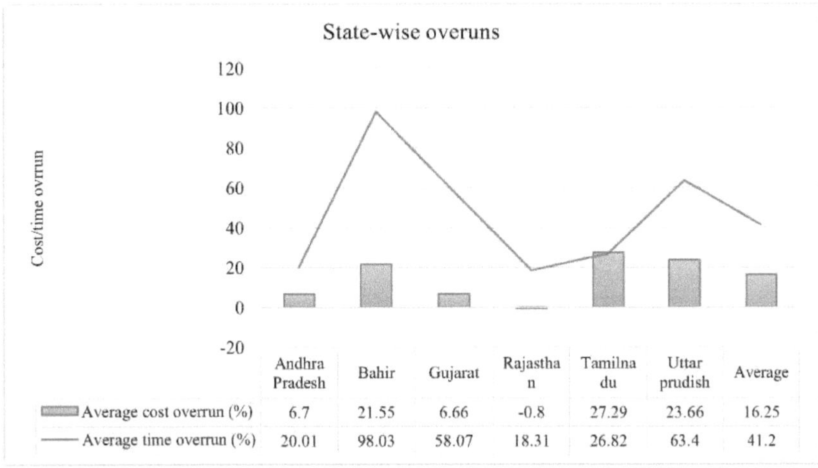

Fig. 5.1: Custo e prazo de execução dos projectos rodoviários em 2012. [37]

Quadro 5.1: Ultrapassagem de custos na construção de estradas na Índia [35]

Sector	Total Projects	Cost Original in crore	Cost Latest in crore	Cost Anticipated in crore	Cost overrun w.r.t original in crore	Cost overrun w.r.t latest in crore
Road Transport and Highways	480	3,16,344.71	3,16,918.73	3,22,657.54	574.02	6,312.83

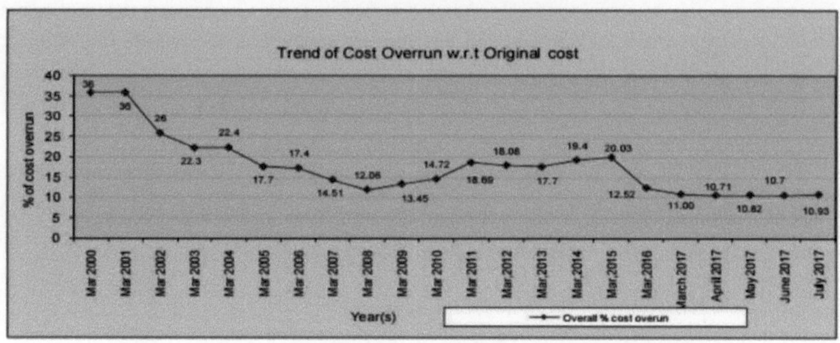

Fig. 5.2 Custo dos projectos excedidos na Índia de 2000 a 2017[35]

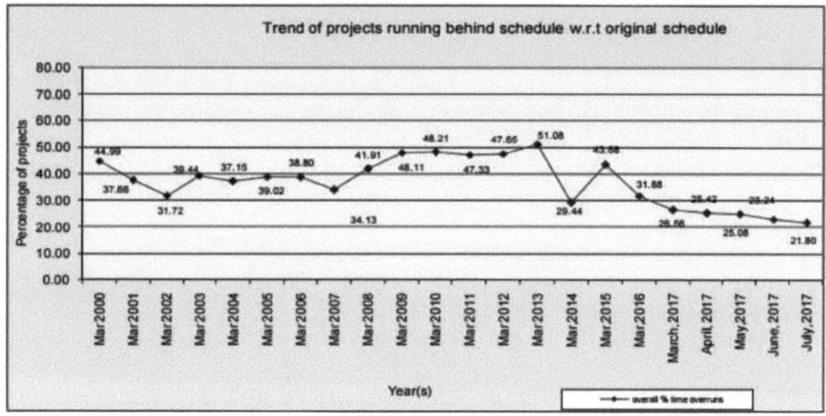

Fig. 5.3: Excesso de prazo dos projectos na Índia de 2000 a 2017[35]

5.3 Resultados do inquérito por questionário

Uma vez identificadas as causas (colhidas) com base em diferentes fundamentos, como revistas, teses, fontes da Internet, livros e pessoas da profissão, foi pedido às pessoas que preenchessem o inquérito com base na sua experiência. Os inquiridos responderam com base na sua experiência sobre a forma como os factores identificados afectavam a construção de estradas no Estado. Isto porque é necessário conhecer a concordância dos inquiridos sobre os factores identificados e a taxa de afetação dos projectos rodoviários.

5.3.1 Perfil dos inquiridos

Trata-se do perfil dos inquiridos, que é utilizado para conhecer a autenticidade das informações, como o nome da organização do inquirido, a experiência profissional relevante, a designação do inquirido, o tipo de empresa, etc. Para o ilustrar, ver o quadro seguinte.

5.3.2 Proporção de inquiridos

Foi distribuído um questionário estruturado a uma seleção aleatória de 55,6% (50) de empreiteiros, 27,8% (25) de clientes e 16,7% (15) de consultores para o estudo. Dos 90 questionários distribuídos, foram recebidas 65 respostas, ou seja, ~=72,22%.

Quadro 5.2: Proporção de inquiridos e respostas recebidas

Company type	Questionnaire distributed	Response received	% response received
Contractor	50	41	82%
Consultant	15	12	80%
Client	25	12	48%
Total	90	65	72.22%

Graficamente,

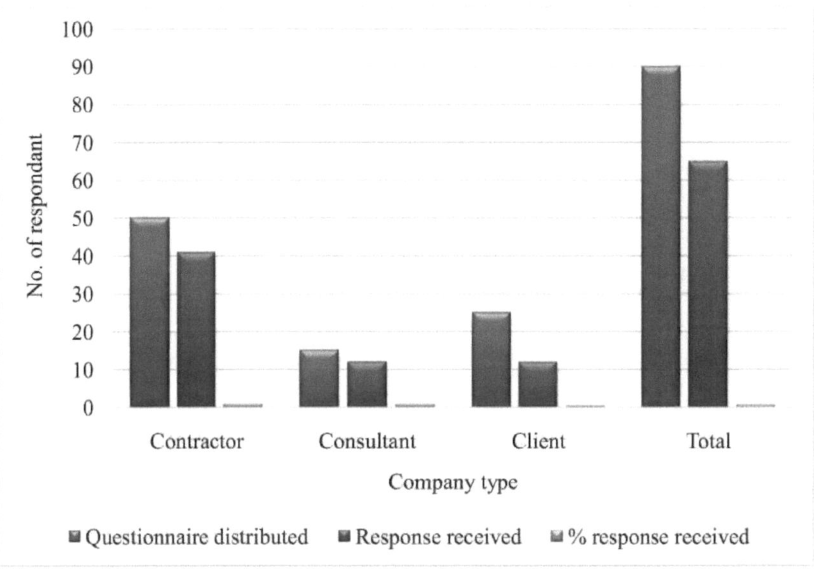

Fig. 5.4: Proporção de inquiridos e respostas recebidas

5.3.3 Experiência profissional dos inquiridos

A experiência profissional relevante dos inquiridos é apresentada a seguir. Os pormenores são 0-5, 6-10, 11-15, >=16 anos. Os inquiridos do empreiteiro 17(44,2%), 11(25,6%), 4(9,3%) e 9(20,9%), do cliente 7(50%), 5(35,7%), 2(14,3%), e 0(0%) e dos clientes foram 5(45,45%), 2(1,8%), 3(27,27%), e 1(9,09%), respetivamente, como acima.

Tabela 5.3: Experiência profissional dos inquiridos

Work experience	0-5 years	6-10 years	11-15 years	>=16 years
Contractor	17	11	4	9
Consultant	5	5	2	-
Client	6	2	3	1

5.3.4 Número de inquiridos com experiência de trabalho fora de Gujarat Estado

10 (23,25%) dos contratantes, 4 (28,57%) dos consultores e 1 (9,09%) dos clientes inquiridos trabalharam fora de Gujarat/estado, respetivamente.

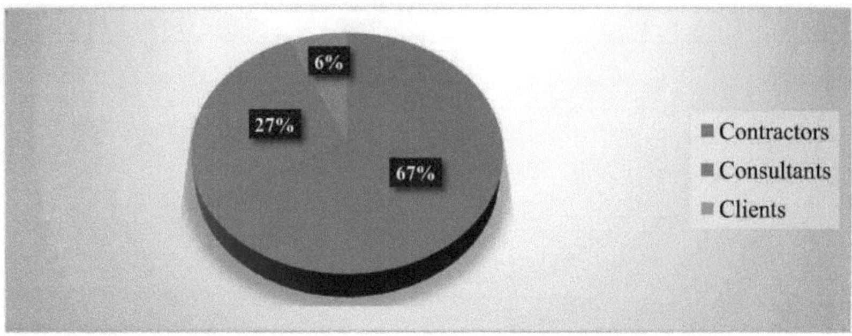

Fig. 5.5: Inquiridos com experiência de trabalho fora do estado de Gujarat

5.4 Factores que causam a ultrapassagem de projectos de construção de estradas

5.4.1 Factores que afectam os custos excessivos dos projectos de construção de estradas

Esta subsecção trata da análise e discussão dos factores que afectam os custos excessivos. Aplicando as fórmulas do capítulo 4, secção 4.6, os dados recolhidos foram analisados utilizando o MS Excel 2013 e classificados em conformidade. A secção seguinte aborda os principais factores de acordo com a perspetiva dos inquiridos e, por fim, em termos gerais. Ver quadro 5.4 abaixo.

$$\text{Relative Importance Index (RII)} = \frac{\Sigma W}{A * N}$$

$$\text{Weighted Average} = \text{WaXa} + \text{WbXb} + \text{WcXc}$$

5.4.1.1 *Perspetiva dos contratantes*

Neste caso, a tabela 5.4 mostra que o fator *dificuldade na aquisição de terrenos* está classificado na primeira posição com um valor RII de 0,795. Isto significa que a aquisição de terrenos é muito difícil, pelo que pode afetar o custo do projeto. Sabe-se que, se houver atraso na aquisição do terreno, isso

afectará definitivamente o custo global do projeto. Os resultados deste estudo coincidem com os estudos efectuados por [19] e [28]. Assim, este problema é grave na maioria das áreas e pode afetar o custo do projeto em relação ao que tinha sido estimado. *A alteração do projeto* e *as flutuações do custo dos materiais* estão em segundo lugar, na perspetiva do empreiteiro, com um valor de RII de 0,741, para afetar o custo excessivo dos projectos de construção rodoviária em Gujarat. *A deslocação dos serviços públicos existentes* está classificada em quarto lugar, com um valor de RII de 0,727. A deslocação das instalações existentes pode provocar custos adicionais para além dos estimados, uma vez que a deslocação e a reinstalação são demoradas e trabalhosas. Instalações como condutas de água, postes e cabos eléctricos, valas, etc.
A *revisão inadequada dos desenhos* e *dos documentos do contrato e a indecisão da equipa de supervisão no tratamento das questões do empreiteiro*, que resultam em atrasos, estão em quinto lugar. Neste caso, se o caderno de encargos não estiver bem preparado e as decisões forem fracas, o custo global do projeto aumentará necessariamente.

A falta de planeamento/monitorização dos custos durante as fases pré e pós-contratual foi a sétima mais afetada, com um RII de 0,717. A falta de planeamento dos custos afecta o custo global dos projectos, pelo que os responsáveis pelo planeamento ou os responsáveis pelo levantamento das quantidades devem fazer uma boa estimativa e devem actualizá-la e acompanhá-la continuamente.

5.4.1.2 A perspetiva dos consultores

De acordo com a perspetiva dos contratantes, *a dificuldade na aquisição de terrenos* está classificada em primeiro lugar, com um valor de RII de 0,933. Neste caso, mostra-se claramente que, se houver dificuldades na aquisição de terrenos, os custos serão necessariamente excedidos, porque há muitas coisas relacionadas com isso, pelo que os custos aumentarão definitivamente. *A alteração do projeto* ocupa o segundo lugar na perspetiva dos consultores, com um RII de 0,883. Se houver uma alteração da conceção, na maior parte das vezes o custo do projeto aumentará devido ao retrabalho, a erros na conceção ou à espera até que a alteração da conceção seja feita. O terceiro lugar é *ocupado* por *uma revisão inadequada dos desenhos e dos documentos contratuais*, com um RII de 0,85. Se o documento for ambíguo, isso levará a uma falta de compreensão e conduzirá a uma ultrapassagem dos custos. *A falta de planeamento/monitorização dos custos durante as fases pré e pós-contratual* está classificada em quarto lugar, com um valor RII de 0,8. Se este problema ocorrer, os custos serão necessariamente excedidos, pelo que os organismos em causa devem proceder a uma atualização contínua e a um acompanhamento regular.

5.4.1.3 A perspetiva dos clientes

De acordo com a perspetiva dos clientes, a "*Dificuldade na aquisição de terrenos*" está classificada em primeiro lugar, com um RII de 0,850. Este fator é muito importante. Este é o problema mais comum porque é difícil adquirir terra que já foi propriedade de outros. Isso pode acontecer devido a uma menor indemnização aos proprietários de terras ou a uma fraca sensibilização das pessoas.

O segundo lugar é ocupado pela *falta de planeamento/monitorização dos custos durante as fases pré e pós-contratual*, com um RII de 0,750. A falta de planeamento de custos é um problema grave que se deve principalmente à falta de seriedade dos avaliadores de quantidades e a uma atualização menos atempada. Para resolver este problema, os clientes devem ser seriamente actualizados e acompanhar o projeto para não causar derrapagens. *A alteração da conceção* está classificada em terceiro lugar, com um valor de RII de 0,733. Este problema pode causar derrapagens quando a alteração ocorre após o início dos trabalhos ou a mobilização dos empreiteiros. Para evitar este problema, os projectos devem ser cuidadosamente concebidos por projectistas experientes e devem ser revistos antes do início dos trabalhos. *A revisão inadequada dos desenhos e dos documentos do contrato* é classificada em terceiro lugar, com um valor de RII de 0,733, o que provoca derrapagens de custos porque, se os desenhos não forem claros e os documentos forem ambíguos, isso pode levar a derrapagens de custos.

Quadro 5.4: Ponto de vista dos inquiridos sobre os factores que afectam os custos excessivos

No.	Factor	Contractor		Consultant		Client		Weighted Average	
		RII	Rank	RII	Rank	RII	Rank	RII	Rank
1.	Inadequate review for drawings and contract documents.	0.722	5	0.850	3	0.733	3	0.748	3
2.	Is design change affects the cost?	0.741	2	0.883	2	0.733	3	0.766	2
3.	Lack of cost planning/monitoring during pre-and post-contract stages	0.717	7	0.800	4	0.750	2	0.738	4
4.	Technical incompetence, poor organizational structure, and failures of the enterprise	0.654	12	0.700	7	0.617	9	0.655	9
5.	Unpredictable weather	0.585	15	0.617	9	0.667	6	0.606	14

	conditions								
6.	Contractual claims, such as, extension of time with cost claims.	0.678	8	0.533	14	0.650	7	0.646	12
7.	Additional work at owner's request	0.644	13	0.700	7	0.617	9	0.649	11
8.	Indecision by the supervising team in dealing with the contractor's queries resulting in delays.	0.722	5	0.500	15	0.567	14	0.652	10
9.	Fluctuations in the cost of materials	0.741	2	0.500	15	0.517	16	0.655	8
10.	Difficult terrain condition	0.600	14	0.583	12	0.617	9	0.600	15
11.	Design errors	0.673	9	0.733	5	0.583	13	0.668	7
12.	Public anxiety	0.668	10	0.550	13	0.567	14	0.628	13
13.	Site Condition (E.g. weak soil)	0.663	11	0.717	6	0.683	5	0.677	6
14.	Shifting of existing utilities	0.727	4	0.600	10	0.650	7	0.689	5
15.	Have acts of God influence the project?	0.541	16	0.600	10	0.600	12	0.563	16
16.	Difficulty in land acquisition	0.795	1	0.933	1	0.850	1	0.831	1

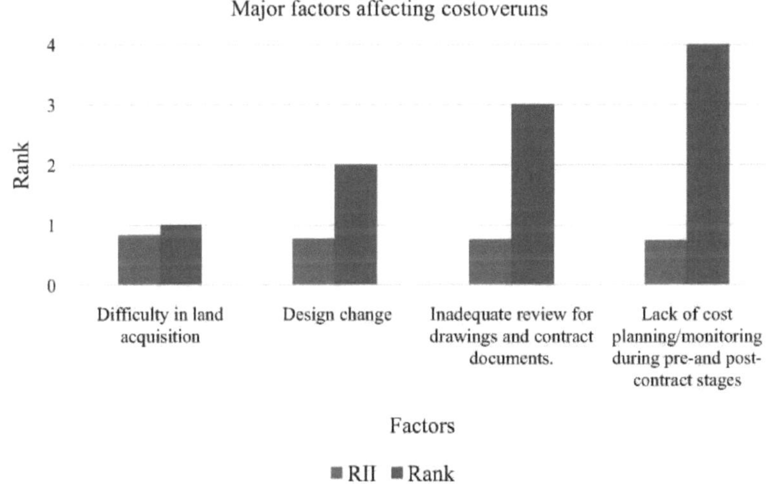

Fig. 5.6 Principais factores que afectam os custos excessivos

5.4.2 Factores que afectam o tempo excedido nos projectos de construção de estradas

A seguir, são analisadas e discutidas as causas do tempo excedido nos projectos de construção de estradas em Gujarat. Ver pormenores no quadro 5.5.

5.4.2.1 Perspetiva dos contratantes

Como se pode ver claramente no quadro 5.5, o resultado da análise mostra que *os conflitos no calendário dos subcontratantes na execução dos projectos com o contratante* e *os conflitos entre o consultor e o engenheiro responsável pela conceção* estão em primeiro lugar, com um RII de 0,766. Se o calendário do contratante principal e do subcontratante não for o mesmo e se houver desacordo entre o projetista e um terceiro, isso conduz a atrasos. O contratante principal pode contratar subcontratantes por diferentes razões, como para facilitar, para obter vantagens ou lucros, etc. Nesse caso, se o calendário do contratante principal e do subcontratante não estiver alinhado, isso conduz a atrasos. Por conseguinte, o calendário dos subcontratantes e dos contratantes principais deve estar alinhado para se chegar a tempo.

O atraso na aprovação de alterações importantes no âmbito do trabalho por parte do consultor está classificado em terceiro lugar, com um valor RII de 0,761. Se uma alteração for emitida e não for aprovada atempadamente, conduz a derrapagens de tempo devido ao tempo de espera pela aprovação. Para evitar este tipo de atrasos, é preferível aprovar atempadamente as alterações de acordo com as necessidades. Se isso não for feito a tempo, pode haver outras consequências, como reclamações, litígios e pedidos de indemnização. O quarto lugar é ocupado *pelas dificuldades de financiamento do projeto por parte do empreiteiro, com* um valor RII de 0,756. Quando o empreiteiro não consegue financiar o trabalho em curso, isto leva a um excesso de tempo. Apesar de ser dado um adiantamento para iniciar o trabalho, na maioria das vezes os empreiteiros são obrigados a financiar o projeto ou não devem esperar até que o pagamento por exclusão seja dado. Para evitar esta situação, a maior parte das vezes a situação financeira do contratante é incluída como critério. *A lentidão no processo de tomada de decisão por parte do proprietário* está classificada em quinto lugar, com um valor RII de 0,751. De acordo com as respostas dos empreiteiros, a lentidão do processo de tomada de decisões conduz a atrasos. Isto acontece devido a razões de responsabilidade, na maioria das vezes a decisão dos clientes é lenta, o que leva a atrasos que podem afetar a duração do tempo. Tanto quanto possível, os clientes devem ser decididos o mais cedo possível.

5.4.2.2 A perspetiva dos consultores

Do ponto de vista dos empreiteiros, a análise resulta *em atrasos nos pagamentos de progresso por ow / ι ernn\x(* primeiro com o valor RII 0,867. Se o pagamento não for liberado a tempo para o trabalho executado, isso causa atraso no andamento do projeto. Os projectos não serão concluídos a tempo se houver atraso no pagamento. O pagamento deve ser libertado atempadamente para os trabalhos concluídos. O segundo fator que causa atrasos, na perspetiva dos consultores, é a *danificação dos materiais selecionados quando são necessários com urgência, com* um RII de 0,8. Quando os materiais são urgentemente necessários, ocorrem danos devido à sua necessidade urgente aquando da triagem. Os materiais devem ser colocados cuidadosamente.

O terceiro fator é a *lentidão do proprietário no processo de tomada de decisões, com* um valor de RII0.783. Os argumentos do consultor revelam que a lentidão da decisão do proprietário conduzirá a atrasos. A tomada de decisões desempenha um papel importante na área da construção para evitar atrasos desnecessários. A resposta dos consultores apoia esta ideia, pelo que se recomenda uma decisão rápida em caso de reclamações ou questões.

O controlo e a restrição do tráfego no local de trabalho estão em quarto lugar, com um RII de 0,767. Durante a construção, a área pode não ser suficiente para o acesso ou ser estreita, o que afectará o progresso do trabalho, especialmente nas zonas montanhosas e nas cidades, onde o tráfego é muito intenso e a área de construção é restrita. O acesso inconveniente ao local e a área de construção limitada ocupam o quinto e o sexto lugares, respetivamente.

5.4.2.3 A perspetiva dos clientes

Os conflitos no calendário dos subcontratantes na execução do projeto e *os erros e discrepâncias nos documentos de conceção* são os primeiros factores que causam atrasos, com um valor de RII de 0,75. Se houver um desfasamento entre o calendário dos subempreiteiros e o calendário principal e erros no documento contratual, é natural que se verifiquem atrasos. Em alguns casos, há documentos prontos para outros projectos, mas a realidade pode não ser verdadeira. Se não coincidirem, haverá atrasos. *O retrabalho devido a erros durante a construção é o segundo fator que pode causar o excesso de tempo, com um valor de RII de 0,733. A lentidão no processo de tomada de decisões por parte do proprietário, a má gestão e supervisão do local por parte do empreiteiro,* o planeamento e a calendarização ineficazes do projeto por parte do empreiteiro, *os efeitos das condições do subsolo (por exemplo, lençóis freáticos elevados, etc.)* estão classificados em quarto lugar com um valor RII de 0,717.

Quadro 5.5: Ponto de vista dos inquiridos sobre os factores que afectam os prazos excedidos

Factor	Contractor		Consultant		Client		Weighted Average	
	RII	Rank	RII	Rank	RII	Rank	RII	Rank
Project related								
Original contract duration is too short	0.732	6	0.717	7	0.683	9	0.720	3
Limited construction area	0.707	19	0.733	6	0.600	35	0.692	9
Inconvenient site access	0.649	46	0.750	5	0.550	59	0.649	37
Difficult Terrain condition	0.605	63	0.633	25	0.650	16	0.618	52
Poor ground condition(like weak soil)	0.639	51	0.500	65	0.567	53	0.600	61
Award project to lowest bid price	0.673	34	0.617	31	0.633	23	0.655	34
Client related								
Delay in progress payments by owner	0.649	46	0.867	1	0.550	59	0.671	26
Delay to furnish and deliver the site to the contractor by the owner	0.727	7	0.617	31	0.650	16	0.692	9
Change orders by owner during construction	0.678	31	0.617	31	0.550	59	0.643	38
Late in revising and approving design documents by owner	0.727	7	0.633	25	0.600	35	0.686	12
Delay in approving shop drawings and sample materials	0.702	20	0.583	43	0.633	23	0.668	29
Poor communication and coordination by owner and other parties	0.659	41	0.567	49	0.567	53	0.625	47
Slowness in decision making process by owner	0.751	5	0.783	3	0.717	4	0.751	1
Conflicts between joint-ownership of the project	0.654	43	0.667	19	0.583	48	0.643	38
Unavailability of incentives for contractor	0.673	34	0.700	11	0.467	74	0.640	41
Suspension of work by owner	0.644	49	0.567	49	0.500	69	0.603	58
Contractor related								
Difficulties in financing project by contractor	0.756	4	0.600	38	0.483	73	0.677	23
Conflicts in sub-contractors' schedule in execution of project Contractor	0.766	1	0.683	15	0.750	1	0.748	2
Rework due to errors during construction	0.717	16	0.700	11	0.733	3	0.717	4
Conflicts between contractor	0.698	23	0.583	43	0.650	16	0.668	27

and other parties								
Poor site management and supervision by contractor	0.702	20	0.683	15	0.717	4	0.702	6
Poor communication and coordination by contractor with other parties	0.722	12	0.567	49	0.650	16	0.680	17
Ineffective planning and scheduling of project by contractor	0.683	30	0.633	25	0.717	4	0.680	15
Improper construction methods implemented by contractor	0.698	23	0.683	15	0.550	59	0.668	27
Delays in sub-contractors' work	0.722	12	0.617	31	0.617	30	0.683	14
Inadequate contractor's work	0.722	12	0.533	58	0.600	35	0.665	32
Frequent change of sub-contractors because of their inefficient work	0.688	27	0.650	22	0.683	9	0.680	17
Poor qualification of the contractor's technical staff	0.688	27	0.567	49	0.617	30	0.652	36
Delay in site mobilization	0.693	25	0.600	38	0.650	16	0.668	29
Consultant related								
Delay in performing inspection and testing by consultant	0.649	46	0.650	22	0.600	35	0.640	41
Delay in approving major changes in the scope of work by consultant	0.761	3	0.600	38	0.567	53	0.695	7
Poor communication/coordination between consultant and other parties	0.727	7	0.600	38	0.583	48	0.677	19
Late in reviewing and approving design documents by consultant	0.702	20	0.550	55	0.633	23	0.662	33
Conflicts between consultant and design engineer	0.766	1	0.583	43	0.617	30	0.705	5
Inadequate experience of consultant	0.712	17	0.567	49	0.667	14	0.677	19
Design related								
Mistakes and discrepancies in design documents	0.668	36	0.667	19	0.750	1	0.683	13
Delays in producing design documents	0.727	7	0.517	61	0.683	9	0.680	15
Unclear and inadequate details in drawings	0.727	7	0.483	68	0.633	23	0.665	31
Complexity of project design	0.663	38	0.383	72	0.600	35	0.600	61
Misunderstanding of owner's requirements by design engineer	0.634	52	0.500	65	0.683	9	0.618	52
Inadequate design-team experience	0.668	36	0.517	61	0.600	35	0.628	45

Insufficient data collection and survey before design	0.678	31	0.700	11	0.650	16	0.677	19
Material related								
Shortage of construction materials in market	0.678	31	0.717	7	0.633	23	0.677	19
Changes in material types and specifications during construction	0.654	43	0.550	55	0.583	48	0.622	49
Delay in material delivery	0.654	43	0.533	58	0.600	35	0.622	51
Damage of sorted material while they are needed urgently	0.615	56	0.800	2	0.650	16	0.655	34
Delay in manufacturing special building materials	0.629	53	0.633	25	0.617	30	0.628	45
Inflation in material prices	0.659	41	0.483	68	0.517	67	0.600	60
Late in selection of finishing materials due to diversity in market	0.610	59	0.550	55	0.633	23	0.603	58
Equipment related								
Equipment breakdowns	0.615	56	0.583	43	0.533	64	0.594	65
Shortage of equipment	0.605	63	0.617	31	0.600	35	0.606	57
Low level of equipment-operator's skill	0.610	59	0.417	70	0.500	69	0.554	71
Low productivity and efficiency of equipment	0.605	63	0.333	74	0.533	64	0.542	72
Lack of high-technology mechanical equipment	0.620	54	0.383	72	0.600	35	0.572	69
Wrong selection of equipment	0.712	17	0.717	7	0.600	35	0.692	9
Labour related								
Is shortage of labours affects the time?	0.722	12	0.617	31	0.683	9	0.695	7
Unqualified workforce	0.693	25	0.667	19	0.633	23	0.677	23
Labour strike at site	0.595	69	0.533	58	0.583	48	0.582	68
Low productivity level of labours	0.590	71	0.583	43	0.600	35	0.591	66
Personal conflicts among labours	0.595	69	0.567	49	0.500	69	0.572	69
Weak motivation	0.688	27	0.717	7	0.600	35	0.677	23
External related								
Security(like theft ...)	0.541	73	0.400	71	0.567	53	0.520	74
Corruption	0.663	38	0.500	65	0.600	35	0.622	49
Natural disasters (flood, landslides, ...)	0.561	72	0.700	11	0.617	30	0.597	64
Effects of subsurface conditions (like: high water table, etc.)	0.620	54	0.633	25	0.717	4	0.640	41
Inclement weather (very cold, very hot, rain...)	0.605	63	0.600	38	0.667	14	0.615	54
Unavailability of utilities in site	0.610	59	0.683	15	0.533	64	0.609	56

Effect of social and cultural factors	0.644	49	0.617	31	0.500	69	0.612	55
Traffic control and restriction at job site	0.605	63	0.767	4	0.550	59	0.625	48
Accident during construction	0.532	74	0.517	61	0.517	67	0.526	73
Delay in providing services from utilities (such as water, electricity)	0.615	56	0.583	43	0.567	53	0.600	61
Changes in government regulations and laws	0.610	59	0.517	61	0.583	48	0.588	67
Poor government judicial system for construction dispute settlement	0.663	38	0.633	25	0.567	53	0.640	40
Unforcen market inflation	0.605	63	0.650	22	0.700	8	0.631	44

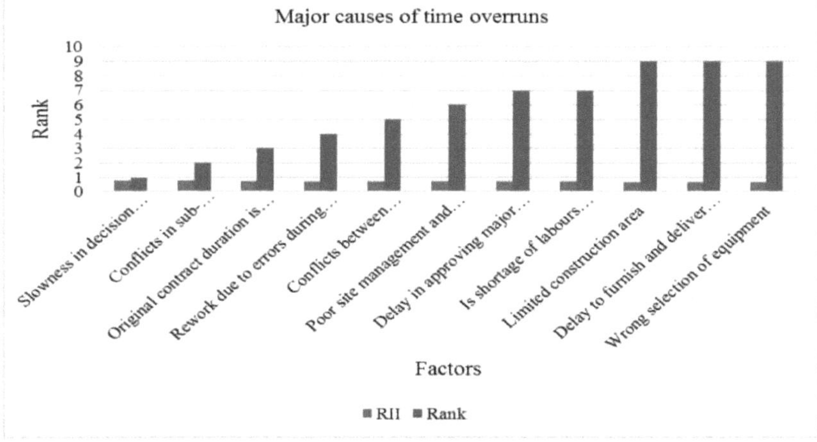

Fig. 5.7 Principais factores que afectam as ultrapassagens de prazos

5.5 Testar os acordos entre os inquiridos sobre os factores que afectam os custos e os atrasos

O objetivo deste teste é evitar ser enganado pelo acaso das ocorrências. Ajuda a testar se existe acordo entre os inquiridos sobre a classificação dos factores que afectam o custo e o tempo de execução de um projeto de construção rodoviária em Gujarat.

H0: não existe concordância na classificação dos factores que contribuem para o custo e o prazo de execução entre pares de inquiridos (proprietário versus empreiteiro, proprietário versus consultor e empreiteiro versus consultor).

Olá: existe acordo na classificação dos factores que contribuem para o custo e o tempo excedido entre os pares de inquiridos (proprietário versus empreiteiro, proprietário versus consultor e empreiteiro versus consultor).

Procedimento para o teste de hipóteses:

1. Definir a hipótese nula (H_0) e a hipótese alternativa (H_1).

2. Escolha um valor para ρ (ou seja, escolha o nível de significância).

3. Calcule o valor da estatística de teste, Rho (ρ_{cal}).

4. Comparar o valor calculado com uma tabela de valores críticos da estatística do teste.

Nota: Se o valor calculado da estatística do teste for inferior ao valor crítico do quadro, aceitar a hipótese nula (**H_0**). Se o valor calculado da estatística do teste for maior ou igual ao valor crítico da tabela, rejeitar a hipótese nula (H_0) e aceitar a hipótese alternativa (H_1).

O coeficiente de correlação de Spearman (rho) é utilizado para medir as diferenças de classificação entre dois grupos de inquiridos que pontuam para vários factores (ou seja, clientes versus consultores, clientes versus contratantes e consultores versus contratantes).

$$\text{Rho}(\rho\text{cal}) = 1 - \frac{6\sum d^2}{N(N^2-1)} \quad \text{.. Equation 5.1}$$

Onde: Rho (ρ_{cal})-Coeficiente de correlação de postos de Spearman

d-A diferença de classificação entre cada par de empresas

N-Número de factores (observações)

Para aceitar ou rejeitar a hipótese nula, considerar 95% (nível de significância P = 0,05). Este valor é utilizado para conhecer o nível de concordância entre os inquiridos. Ver quadro 5.6 para ilustração.

Quadro 5.6: Correlação entre os inquiridos sobre os factores que afectam o excesso de custos

Respondents	**Rho (ρcal)**	**Critical value of ρ (Appendix-II)**	**Significance for P < 0.05**	**Rejected/Not Reject null hypothesis**
Contractor Vs Consultant	0.204	0.538	Not significant	Not Rejected
Consultant Vs Client(Gov't body)	0.763	0.538	Significant	Reject
Contractor Vs Client (Gov't body)	0.218	0.538	Not significant	Not Rejected

A partir do quadro acima, podemos concluir que, a 95% (nível de significância P = 0,05), o valor rho (p) calculado para Consultor Vs Cliente (organismo governamental) é superior ao valor rho (p) crítico, pelo que a hipótese nula é rejeitada. Isto significa que existe uma concordância significativa (perceção semelhante) na classificação entre os inquiridos sobre os factores que afectam os custos excessivos dos projectos rodoviários de construção em Gujarat.

O contratante versus consultor e o contratante versus cliente (organismo governamental) têm um valor rho (p) inferior ao valor crítico, pelo que se aceita a hipótese de que não existe uma concordância significativa entre os inquiridos. Ou seja, o empreiteiro e o consultor e o empreiteiro e o cliente (organismo governamental) têm percepções diferentes na classificação dos factores que afectam o excesso de custos na construção de projectos rodoviários em Gujarat

Os factores que afectam os atrasos nos projectos de construção de estradas em Gujarat são igualmente considerados da mesma forma que os factores que afectam os projectos de construção de estradas em Gujarat. Para ver a relação com a perceção dos inquiridos, ver quadro 5.7.

Quadro 5.7: Correlação entre os factores dos inquiridos que afectam o tempo excedido

Respondents	**Rho (ρcal)**	**Critical value of ρ (Appendix-II)**	**Significance for P < 0.05**	**Rejected/Not Reject null hypothesis**
Contractor Vs Consultant	0.203	0.232	Not significant	Not Rejected
Consultant Vs Client(Gov't body)	0.229	0.232	Not significant	Not Rejected
Contractor Vs Client (Gov't body)	0.369	0.232	significant	Reject

Os valores calculados de rho(p)de Empreiteiro Vs Consultor e Consultor Vs Cliente (organismo governamental) são inferiores ao valor crítico de rho(p), pelo que a hipótese de não haver acordo significativo entre os inquiridos (Ho) não é rejeitada. O que significa que têm a mesma perceção na classificação destes factores. O valor calculado de rho (ρ) de Empreiteiro Vs Cliente (Organismo governamental) é superior ao valor crítico de rho (ρ), pelo que a hipótese de não haver concordância significativa entre os inquiridos é rejeitada, ou seja, a hipótese alternativa é aceite. Por conseguinte, pode concluir-se que os inquiridos (Empreiteiro Vs Cliente (Organismo governamental)) têm atitudes semelhantes na classificação dos factores que afectam os atrasos nos projectos de construção rodoviária em Gujarat.

Capítulo 6

Resumo, Conclusões e Recomendações

6.1 Resumo

O sector da construção é verdadeiramente o poder da economia nacional, e a construção de estradas é um deles. Tal como nos outros sectores da construção, as estradas desempenham um papel importante a nível internacional, nacional e regional, bem como a nível das cidades e dos locais, etc. Sem as infra-estruturas rodoviárias, é difícil realizar o desenvolvimento. O estado de Gujarat, na Índia, é um estado próspero com uma boa rede rodoviária, mas, apesar de possuir uma boa rede rodoviária, a sua construção é afetada por custos e prazos excessivos que atrasam a sua realização. Devido a este problema, este estudo de investigação é essencial para identificar as causas dos custos e dos prazos excessivos.

Este estudo de investigação tem por objetivo identificar os vários factores que afectam o custo e o tempo de execução dos projectos de construção de estradas em Gujarat. A identificação do problema é um trampolim para minimizar ou evitar os problemas. Para identificar os factores, recorreu-se a revisões da literatura relacionada e a perguntas a pessoas que exercem a profissão, tendo sido realizado um estudo documental de relatórios de projectos concluídos. Com base nos factores identificados, foram elaborados e distribuídos questionários aos empreiteiros, ao cliente (organismo governamental) e aos consultores. Os dados foram analisados pelo método RII utilizando o MS Excel 2013. Por último, para testar a concordância dos inquiridos, foi utilizada a correlação de Spearman e identificados os principais factores.

6.2 Conclusões

Com base nos resultados do estudo, são tiradas as seguintes conclusões.

1. Os relatórios de projectos de construção concluídos e em curso na Índia apresentam experiências de custos e prazos excedidos [30], [31] e [35], mas há melhorias nos últimos dez anos, que diminuem para 10,93% e 21,8% no que respeita aos custos e prazos excedidos

   respetivamente.
2. Identificou 90 factores (16 para causas de excesso de custos e 74 para causas de excesso de tempo) e as principais causas são a *dificuldade na aquisição de terrenos, a alteração da conceção, a revisão inadequada dos desenhos e dos documentos contratuais e a falta de planeamento/monitorização dos custos durante as fases pré e pós-contratual.lentidão no*

processo de tomada de decisões por parte do proprietário (organismo governamental), conflitos no calendário dos subcontratantes na execução do projeto do empreiteiro, duração original do contrato demasiado curta, retrabalho devido a erros durante a construção, conflitos entre o consultor e o engenheiro responsável pela conceção, má gestão e supervisão do local por parte do empreiteiro, atraso na aprovação de alterações importantes no âmbito do trabalho por parte do consultor, escassez de mão de obra afetada, área de construção limitada, atraso no fornecimento e entrega do local ao empreiteiro por parte do proprietário, seleção incorrecta do equipamento em função do custo e do tempo, respetivamente.

3. Existe uma forte correlação na classificação entre o consultor e o cliente (organismo governamental) no que respeita aos factores que afectam os custos excessivos e o empreiteiro e o cliente (organismo governamental) no que respeita aos factores que afectam os prazos excessivos nos projectos de construção de estradas em Gujarat.
4. Os custos e os prazos excedidos têm muitos efeitos não só para as partes interessadas, mas também para o sector no seu conjunto. Os efeitos mais comuns dos custos e do tempo excedidos são os seguintes: aumento dos custos e do tempo, litígios e disputas contratuais, perceção pública negativa, perda de emprego e de rendimentos, abandono total.
5. A dificuldade na aquisição de terrenos é o principal fator que afecta os custos e o tempo excedidos, o que é semelhante à análise de diferentes literaturas de diferentes países. Na Índia, a construção começa com a aquisição de 80% do terreno e os restantes 20% são adquiridos depois de a construção estar em curso, o que constitui uma dor de cabeça na maior parte das regiões do mundo.

6.3 Recomendações

Com base nos resultados e conclusões do estudo, foram feitas as seguintes recomendações para os principais factores que afectam os custos excessivos.

1. Os resultados da análise mostram que a dificuldade na aquisição de terrenos ocupa o primeiro lugar. Este fator é uma dor de cabeça para a maioria das áreas que impede o projeto de atingir o objetivo esperado. Se o terreno não for adquirido, todas as actividades relacionadas com o projeto sofrerão atrasos e serão cobrados custos adicionais desnecessários por itens não utilizados, como máquinas, mão de obra, etc.

   Assim, o investigador recomenda que a terra seja adquirida o mais cedo possível antes de se iniciar o projeto. O Governo deve definir o processo de aquisição de terrenos logo que o projeto seja proposto para essa área.
2. A alteração da conceção é o segundo fator mais importante que afecta fortemente os custos excessivos. Se o projeto for alterado, todos os componentes serão alterados, pelo que é necessário

aumentar relativamente os custos. Assim, recomenda-se que os projectistas concebam o projeto de acordo com as necessidades do cliente, de modo a diminuir as possibilidades de alteração e a informar claramente o projetista.

3. A revisão inadequada dos desenhos e dos cadernos de encargos ocupa o terceiro lugar na classificação dos resultados da análise. Se os desenhos e os documentos do contrato não forem adequadamente revistos, criar-se-ão ambiguidades e confusões, porque um pequeno erro no desenho terá um grande impacto no custo global do projeto, bem como nos aspectos relacionados com o mesmo. Assim, recomenda-se que os desenhos e os documentos do contrato sejam adequadamente revistos e verificados antes da entrega do contrato, porque a execução do trabalho é orientada e implementada pelo desenho e pelas especificações do documento do contrato. Por conseguinte, deve ser dada prioridade aos desenhos e aos documentos do contrato, uma vez que são as regras que regem a execução do projeto.
4. A falta de planeamento/monitorização dos custos durante as fases pré e pós-contratual é a quarta posição no resultado da análise. Se os custos forem corretamente planeados e monitorizados em todas as fases das fases de construção, isso conduzirá a mais encargos adicionais. Os custos devem ser bem estimados e monitorizados em todas as etapas das fases de construção para que não se verifiquem derrapagens de custos. Assim, recomenda-se que o planeamento e a monitorização dos custos sejam rigorosamente controlados e acompanhados em todas as fases da construção.

Com base nos resultados e nas conclusões do estudo, foram feitas as seguintes recomendações para os principais factores que afectam os excessos de prazo.

1. A lentidão no processo de tomada de decisão por parte do proprietário/cliente é classificada no resultado da análise dos factores que afectam o tempo excedido. Se a decisão for lenta, é necessário que ocorram atrasos no progresso do trabalho de construção. O cliente desempenha um papel importante na tomada de decisões em função das necessidades. Por isso, o cliente deve anunciar a sua decisão atempadamente.

2. Conflitos no calendário dos subcontratantes na execução de um projeto O contrato está classificado em segundo lugar. Se o calendário do contratante principal e do subcontratante não estiver alinhado, por razões diferentes, tal conduzirá a atrasos ou a ultrapassagens do calendário. Para reduzir este problema, o calendário do contratante principal e dos subcontratantes deve estar alinhado. Por outras palavras, quando o contratante principal transfere o contrato para o subcontratante, tem de confirmar que o calendário está em conformidade com o que foi programado; caso contrário, a obra será concluída com atraso e provocará outros impactos adicionais.

3. A duração inicial do contrato é demasiado curta, o que provoca uma ultrapassagem do prazo. Se a duração do contrato estimada não for justa em relação ao volume de trabalho ou não tiver em conta os condicionalismos, a duração do contrato será curta, mas na prática é o contrário. Assim, os avaliadores de quantidades e os proprietários devem ter em conta o volume de trabalho e as situações reais quando estimam a duração do contrato.
4. O quarto fator mais importante que causa os excessos de prazo é o retrabalho devido a erros durante a construção. Os erros podem ocorrer devido a muitas razões, como a má compreensão de documentos, desenhos, falta de capacidade, complexidade da situação, etc. Para evitar este problema, recomenda-se que se designe a pessoa certa para o trabalho certo, que se leia e compreenda os documentos antes do início dos trabalhos e que, em caso de confusão, se recorra a especialistas antes de iniciar os trabalhos.
5. Os conflitos entre o consultor e o engenheiro responsável pela conceção são o quinto fator mais importante que afecta os atrasos. Os consultores e os engenheiros de conceção, enquanto participantes no projeto, podem ter interesses contraditórios, apesar de trabalharem em conjunto. Para evitar/reduzir estes conflitos, os consultores e os engenheiros responsáveis pela conceção devem ter uma base comum que evite os seus interesses conflituosos e devem ter de evitar os interesses conflituosos e trabalhar em equipa quando necessário.
6. A má gestão e supervisão do local pelo empreiteiro é o sexto maior fator de atraso. Se a gestão do empreiteiro não for eficaz, isso conduzirá a atrasos. Por exemplo, se os recursos não forem geridos de forma adequada, isso afectará o acompanhamento dos materiais que não serão disponibilizados a tempo. Assim, recomenda-se a introdução de uma gestão eficaz e integrada do local e a realização de um acompanhamento rigoroso por parte do empreiteiro para evitar atrasos.
7. O atraso na aprovação de alterações importantes no âmbito do trabalho por parte do consultor é o sétimo fator principal que causa o excesso de tempo. Se o consultor ou terceiros não aprovarem as principais alterações e as entregarem aos empreiteiros, isso provoca atrasos nos projectos. Por isso, recomenda-se aos consultores que aprovem atempadamente quaisquer alterações importantes ao âmbito do trabalho.
8. A falta de mão de obra é o 8th principal fator causador de atrasos. Nas zonas onde não há mão de obra disponível, os projectos sofrem atrasos. Por isso, os empreiteiros/clientes deveriam ter recomendado o pagamento de encargos adicionais para obter mão de obra motivada, de modo a que o trabalho seja concluído o mais cedo possível.
9. A área de construção limitada é um dos principais factores que afectam os atrasos. Isto pode acontecer quando a construção é efectuada em cidades, vilas, zonas montanhosas, campos agrícolas, etc. Recomenda-se aos empreiteiros que acompanhem os trabalhos de uma forma

muito ordenada, de modo a que a estrada existente não fique bloqueada nem os movimentos da obra.

10. O atraso no fornecimento e entrega do estaleiro ao empreiteiro por parte do proprietário é o décimo fator que causa os atrasos. Este fator é uma dor de cabeça na maioria das áreas que afecta o projeto, impedindo-o de atingir o objetivo esperado. Se o terreno não for adquirido, todas as actividades relacionadas com o projeto sofrerão atrasos e serão cobrados custos adicionais desnecessários por itens não utilizados, como máquinas, mão de obra, etc. Assim, o investigador recomenda que o terreno seja adquirido o mais cedo possível antes de se iniciar o projeto. O Governo deveria desbloquear o processo de aquisição de terrenos logo que o projeto seja proposto nessa área.
11. A seleção incorrecta do equipamento é o 11th fator que causa os excessos de tempo. Se o equipamento selecionado não estiver apto a acomodar muitos trabalhos, é necessário fornecer equipamento que se adapte a um trabalho específico. Assim, recomenda-se aos empreiteiros que seleccionem o equipamento quando o alugam ou compram, devendo confirmar que o equipamento específico deve ser versátil e capaz de realizar diferentes trabalhos.

6.4 Direcções para estudos futuros

O estudo em causa limitou-se a uma zona, Gujarat. O investigador sugere aos futuros investigadores que alarguem o estudo a outras áreas.

Anexo -I: Questionários

UNIVERSIDADE DE PARUL

PARUL INSTITUTE OF TECHNOLOGY DEPARTMENT OF CIVIL ENGINEERING P.O. Limda - 391760, GUJARAT, ÍNDIA

Questionário para a tese de investigação

Caros inquiridos;

O meu nome é *Shambel Gebrehiwot,* estudante de pós-graduação na Universidade de Parul, Instituto de Tecnologia de Parul, no departamento de Engenharia Civil, ramo de Gestão de Projectos de Construção. Este questionário foi elaborado para obter informações de informadores-chave com perguntas estruturadas. A informação é necessária para a investigação académica intitulada "Cause and Effects of Cost and Time Overrun of Road Construction Projects in Gujarat", que está a ser realizada como cumprimento parcial do M.Tech em Gestão de Projectos de Construção. O principal objetivo da investigação é identificar os principais factores que conduzem a derrapagens de custos e de prazos e formular recomendações com base nas conclusões. O questionário é composto por três secções. Secção "A" informações gerais sobre a organização. Secção "B": factores que afectam os custos excessivos dos projectos de construção de estradas em Gujarat e Secção "C": factores que afectam o tempo excessivo dos projectos de construção de estradas em Gujarat. Utilize o sinal de visto (+) para indicar a sua escolha. A sua resposta, a este respeito, é muito valiosa e contribui para o resultado da investigação. Todas as suas respostas serão mantidas estritamente confidenciais e utilizadas apenas para esta investigação académica.

Agradecemos desde já a vossa amável colaboração, por todo o tempo e esforço que sacrificaram para preencher e devolver o questionário, que de outra forma não completaria este estudo.

ContactoNo. +919638125787

Correio eletrónico: ghiwotshambel@gmail.com

Secção A: Informações gerais sobre a organização

1. Nome da organização: ____

Correio eletrónico: _________________________________

Número de contacto _____________________________________

Endereço: ____

2. Indique o tipo de organização ou empresa do inquirido.

Proprietário/clienteConsultor______ Contratante ______

3. Responsabilidade dos inquiridos:

Proprietário da organização______ Gestor de projecto______ Engenheiro de obra ______

Engenheiro de escritório______

Residente ______

Engenheiro______ Supervisor do local ______ Se outro, especificar ______

4. Experiência profissional relevante:

a) 0-5 anos______ b)6-10 anos ______ c)ll-15 anos ______ d)≥16 anos______

5. Trabalhou em projectos com custos e prazos excedentários que não foram acordados?

Sim______ Não______

6. Quantos projectos trabalhou na sua carreira?

7. Já trabalhou fora do estado de Gujarat? Se a sua resposta for sim, quantos anos⁄meses⁄ dias

Sim______ Não______

Secção B: Factores que afectam os custos excessivos dos projectos de construção de estradas em Gujarat

E. I = Extremamente importante (5); V. I = Muito importante (4);

M. 1= Moderadamente importante (3); S. I. = Ligeiramente importante (2); N.I = Pouco importante (1)

No.	Factor	E.I (5)	V.I (4)	M.I (3)	S.I (2)	N.I (1)
1)	Inadequate review for drawings and contract documents.					
2)	Is design change affects the cost?					
3)	Lack of cost planning/monitoring during pre-and post-contract stages					
4)	Technical incompetence, poor organizational structure, and failures of the enterprise					
5)	Unpredictable weather conditions					
6)	Contractual claims, such as, extension of time with cost claims.					
7)	Additional work at owner's request					
8)	Indecision by the supervising team in dealing with the contractor's queries resulting in delays.					
9)	Fluctuations in the cost of materials					
10)	Difficult terrain condition					
11)	Design errors					
12)	Public anxiety					
13)	Site Condition (E.g. weak soil)					
14)	Shifting of existing utilities					
15)	Have acts of God influence the project?					
16)	Difficulty in land acquisition					

Secção C: Factores que afectam os atrasos nos projectos de construção de estradas em Gujarat

E. I = Extremamente importante (5); V. I = Muito importante (4);

M. 1= Moderadamente importante (3); S. I. = Ligeiramente importante (2); N.I = Pouco importante (1)

Group	Factor	E.I (5)	V.I (4)	M.I (3)	S.I (2)	N.I (1)
Project related	Original contract duration is too short					
	Limited construction area					
	Inconvenient site access					
	Difficult Terrain condition					
	Poor ground condition(like weak soil)					
	Award project to lowest bid price					
Client related	Delay in progress payments by owner					
	Delay to furnish and deliver the site to the contractor by the owner					
	Change orders by owner during construction					
	Late in revising and approving design documents by owner					
	Delay in approving shop drawings and sample materials					
	Poor communication and coordination by owner and other parties					
	Slowness in decision making process by owner					
	Conflicts between joint-ownership of the project					
	Unavailability of incentives for contractor					
	Suspension of work by owner					
Contractor related	Difficulties in financing project by contractor					
	Conflicts in sub-contractors' schedule in					

	execution of project Contractor					
	Rework due to errors during construction					
	Conflicts between contractor and other parties					
	Poor site management and supervision by contractor					
	Poor communication and coordination by contractor with other parties					
	Ineffective planning and scheduling of project by contractor					
	Improper construction methods implemented by contractor					
	Delays in sub-contractors' work					
	Inadequate contractor's work					
	Frequent change of sub-contractors because of their inefficient work					
	Poor qualification of the contractor's technical staff					
	Delay in site mobilization					
Consultant related	Delay in performing inspection and testing by consultant					
	Delay in approving major changes in the scope of work by consultant					
	Poor communication/coordination between consultant and other parties					
	Late in reviewing and approving design documents by consultant					
	Conflicts between consultant and design engineer					
	Inadequate experience of consultant					

Designer related	Mistakes and discrepancies in design documents					
	Delays in producing design documents					
	Unclear and inadequate details in drawings					
	Complexity of project design					
	Misunderstanding of owner's requirements by design engineer					
	Inadequate design-team experience					
	Insufficient data collection and survey before design					
Material related	Shortage of construction materials in market					
	Changes in material types and specifications during construction					
	Delay in material delivery					
	Damage of sorted material while they are needed urgently					
	Delay in manufacturing special building materials					
	Inflation in material prices					
	Late in selection of finishing materials due to diversity in market					
Equipment related	Equipment breakdowns					
	Shortage of equipment					
	Low level of equipment-operator's skill					
	Low productivity and efficiency of equipment					
	Lack of high-technology mechanical equipment					
	Wrong selection of equipment					
Labour	Is shortage of labours affects the time?					

related	Unqualified workforce					
	Labour strike at site					
	Low productivity level of labours					
	Personal conflicts among labours					
	Weak motivation					
External related	Security(like theft ...)					
	Corruption					
	Natural disasters (flood, landslides, …)					
	Effects of subsurface conditions (like: high water table, etc.)					
	Inclement weather (very cold, very hot, rain…)					
	Unavailability of utilities in site					
	Effect of social and cultural factors					
	Traffic control and restriction at job site					
	Accident during construction					
	Delay in providing services from utilities (such as water, electricity)					
	Changes in government regulations and laws					
	Poor government judicial system for construction dispute settlement					
	Unforeen market inflation					

Anexo -II: Quadro de correlação

Valores críticos para a correlação de ordem de classificação de Spearman [18]

					Quantiles				
	.75	.90	.95	.975	.99	.995	.9975	.999	.9995
					Directional alpha levels				
	.25	.10	.05	.025	.01	.005	.0025	.001	.0005
					Nondirectional alpha levels				
N	.50	.20	.10	.05	.02	.01	.005	.002	.001
3	1.000								
4	0.600	1.000	1.000						
5	0.500	0.800	0.900	1.000	1.000				
6	0.371	0.657	0.829	0.886	0.943	1.000	1.000		
7	0.321	0.571	0.714	0.786	0.893	0.929	0.964	1.000	1.000
8	0.310	0.524	0.643	0.738	0.833	0.881	0.905	0.952	0.976
9	0.267	0.483	0.600	0.700	0.783	0.833	0.867	0.917	0.933
10	0.248	0.455	0.564	0.648	0.745	0.794	0.830	0.879	0.903
11	0.236	0.427	0.536	0.618	0.709	0.755	0.800	0.845	0.873
12	0.217	0.406	0.503	0.587	0.678	0.727	0.769	0.818	0.846
13	0.209	0.385	0.484	0.560	0.648	0.703	0.747	0.791	0.824
14	0.200	0.367	0.464	0.538	0.626	0.679	0.723	0.771	0.802
15	0.189	0.354	0.446	0.521	0.604	0.654	0.700	0.750	0.779
16	0.182	0.341	0.429	0.503	0.582	0.635	0.679	0.729	0.762
17	0.176	0.328	0.414	0.488	0.566	0.618	0.659	0.711	0.743
18	0.170	0.317	0.401	0.472	0.550	0.600	0.643	0.692	0.725
19	0.165	0.309	0.391	0.460	0.535	0.584	0.628	0.675	0.709
20	0.161	0.299	0.380	0.447	0.522	0.570	0.612	0.662	0.693
21	0.156	0.292	0.370	0.436	0.509	0.556	0.599	0.647	0.678
22	0.152	0.284	0.361	0.425	0.497	0.544	0.586	0.633	0.665
23	0.148	0.278	0.353	0.416	0.486	0.532	0.573	0.621	0.652
24	0.144	0.271	0.344	0.407	0.476	0.521	0.562	0.609	0.640
25	0.142	0.265	0.337	0.398	0.466	0.511	0.551	0.597	0.628
26	0.138	0.259	0.331	0.390	0.457	0.501	0.541	0.586	0.618
27	0.136	0.255	0.324	0.383	0.449	0.492	0.531	0.576	0.607
28	0.133	0.250	0.318	0.375	0.441	0.483	0.522	0.567	0.597
29	0.130	0.245	0.312	0.368	0.433	0.475	0.513	0.558	0.588
30	0.128	0.240	0.306	0.362	0.425	0.467	0.504	0.549	0.579
31	0.125	0.236	0.301	0.356	0.419	0.459	0.496	0.540	0.570
32	0.124	0.232	0.296	0.350	0.412	0.452	0.489	0.532	0.562
33	0.121	0.229	0.291	0.345	0.405	0.446	0.482	0.525	0.554
34	0.119	0.225	0.287	0.340	0.400	0.439	0.475	0.517	0.546
35	0.118	0.222	0.283	0.335	0.394	0.433	0.468	0.510	0.539
36	0.116	0.219	0.279	0.330	0.388	0.427	0.462	0.503	0.532
37	0.114	0.215	0.275	0.325	0.383	0.421	0.456	0.497	0.525

					Quantiles				
	.75	.90	.95	.975	.99	.995	.9975	.999	.9995
					Directional alpha levels				
	.25	.10	.05	.025	.01	.005	.0025	.001	.0005
					Nondirectional alpha levels				
N	.50	.20	.10	.05	.02	.01	.005	.002	.001
38	0.113	0.212	0.271	0.321	0.378	0.415	0.450	0.491	0.519
39	0.111	0.210	0.267	0.317	0.373	0.410	0.444	0.485	0.512
40	0.110	0.207	0.264	0.313	0.368	0.405	0.439	0.479	0.506
41	0.108	0.204	0.261	0.309	0.364	0.400	0.433	0.473	0.501
42	0.107	0.202	0.257	0.305	0.359	0.396	0.428	0.468	0.495
43	0.105	0.199	0.254	0.301	0.355	0.391	0.423	0.462	0.489
44	0.104	0.197	0.251	0.298	0.351	0.386	0.419	0.457	0.484
45	0.103	0.194	0.248	0.294	0.347	0.382	0.414	0.452	0.479
46	0.102	0.192	0.246	0.291	0.343	0.378	0.410	0.448	0.474
47	0.101	0.190	0.243	0.288	0.340	0.374	0.405	0.443	0.469
48	0.100	0.188	0.240	0.285	0.336	0.370	0.401	0.439	0.465
49	0.098	0.186	0.238	0.282	0.333	0.366	0.397	0.434	0.460
50	0.097	0.184	0.235	0.279	0.329	0.363	0.393	0.430	0.456
52	0.095	0.180	0.231	0.274	0.323	0.356	0.386	0.422	0.447
54	0.094	0.177	0.226	0.268	0.317	0.349	0.379	0.414	0.439
56	0.092	0.174	0.222	0.264	0.311	0.343	0.372	0.407	0.432
58	0.090	0.171	0.218	0.259	0.306	0.337	0.366	0.400	0.424
60	0.089	0.168	0.214	0.255	0.301	0.331	0.360	0.394	0.417
62	0.087	0.165	0.211	0.250	0.296	0.326	0.354	0.387	0.411
64	0.086	0.162	0.207	0.246	0.291	0.321	0.348	0.382	0.405
66	0.084	0.160	0.204	0.243	0.287	0.316	0.343	0.376	0.399
68	0.083	0.157	0.201	0.239	0.282	0.311	0.338	0.370	0.393
70	0.082	0.155	0.198	0.235	0.278	0.307	0.333	0.365	0.387
72	0.081	0.153	0.195	0.232	0.274	0.303	0.329	0.360	0.382
74	0.080	0.151	0.193	0.229	0.271	0.299	0.324	0.355	0.377
76	0.078	0.149	0.190	0.226	0.267	0.295	0.320	0.351	0.372
78	0.077	0.147	0.188	0.223	0.264	0.291	0.316	0.346	0.368
80	0.076	0.145	0.185	0.220	0.260	0.287	0.312	0.342	0.363
82	0.075	0.143	0.183	0.217	0.257	0.284	0.308	0.338	0.359
84	0.074	0.141	0.181	0.215	0.254	0.280	0.305	0.334	0.355
86	0.074	0.139	0.179	0.212	0.251	0.277	0.301	0.330	0.351
88	0.073	0.138	0.176	0.210	0.248	0.274	0.298	0.327	0.347
90	0.072	0.136	0.174	0.207	0.245	0.271	0.294	0.323	0.343
92	0.071	0.135	0.173	0.205	0.243	0.268	0.291	0.319	0.339
94	0.070	0.133	0.171	0.203	0.240	0.265	0.288	0.316	0.336
96	0.070	0.132	0.169	0.201	0.238	0.262	0.285	0.313	0.332
98	0.069	0.130	0.167	0.199	0.235	0.260	0.282	0.310	0.329
100	0.068	0.129	0.165	0.197	0.233	0.257	0.279	0.307	0.326

Referências

PAPÉIS

1. A. Arantes, P. F. da Silva e L. M. D. F. Ferreira, "Atrasos em projectos de construção - causas e impactos," 2015 International Conference on Industrial Engineering and Systems Management (IESM), Sevilha, pp. 1105-1110, 2015.
2. A. N. Shete e V. D. Kothawade, "An Analysis of Cost Overruns and Time Overruns of Construction Projects in India", International Journal of Engineering Trends and Technology (IJETT) - Volume-41, Number-1, pp.33-36, novembro de 2016.
3. A. S. Belachew et al., "Causes of Cost Overrun in Federal Road Projects of Ethiopia in Case of Southern District", American Journal of Civil Engineering, Vol. 5, No. 1, 2017, pp. 27-40, 5 de janeiro de 2017.
4. Abedi et al., "Effects of Construction Delays on Construction Project Objectives", Primeira Conferência Científica de Estudantes Iranianos na Malásia, 9 e 10 de abril de 2011, UPM, Malásia, 2011.
5. Aftab H. et al., "The Cause Factors of Large Project's Cost Overrun: A Survey in The Southern Part of Peninsular Malaysia", International Journal of Real Estate Studies, Volume 7, Número 2, pp. 1-15, 2012.
6. Ansar et al, "Should We Build Larger Dams? The Atual Costs of Hydropower Megaproject Development", Energy Policy, pp. 1-14, março de 2014.
7. Arditi et al., "Cost overruns in public projects", International Journal of Project Management, v. 3, n. 4, pp. 218-224, 1985.
8. Azhar, Farooqui, "Cost Overrun Factors in Construction Industry of Pakistan", Actas da 1.ª Conferência do ICCIDC-I, Karachi, 499-508, 4-5 de agosto de 2008.
9. Flyvbjerg B., "Policy and planning for large infrastructure projects: Problems, causes, cures", World Bank Publications, (Vol. 3781). Pp.1-32, 2005.
10. Ibrahim Mahamid, "Frequência das causas de excesso de tempo na construção de estradas na Palestina: Contractors' View", organização, tecnologia e gestão na construção · an intemationaljoumal · 5(1), pp.288-293, 2013.
11. K. A. Mohammed, "Causes of Delay in Nigeria Construction Industry", Revista Interdisciplinar de Investigação Contemporânea em Negócios, Vol-4, No 2, pp. 785794, 2012.
12. Lee, "Cost Overrun and Cause in Korean Social Overhead Capital Projects: Roads, Rails, Airports, and Ports", Journal of Urban Planning and Development, Vol. 134, No. 2, pp.59-62, 2008.

13. M. Rajgor et al., "RII & IMPI: Effective Techniques for Finding Delay in Construction Project", International Research Journal of Engineering and Technology (IRJET), Volume: 03 Issue: 01,pp.ll73-1177, Jan-2016.

14. MandarBorse e PranayKhare, "Analysis of Cost and Schedule Overrun in Construction Projects", IJISET - International Journal of Innovative Science, Engineering & Technology, Vol. 3 Issue 1, pp.383-386, janeiro de 2016.

15. MbachuandNkado, "Reducing building construction costs; the views of consultants and contractors", In Proceedings of the International Construction Research Conference of the Royal Institution of Chartered Surveyors, Leeds Metropolitan University, 2004.

16. Yogita Honrao e Prof. D.B.Desai, "Study of Delay in Execution of Infrastructure Projects - Highway Construction", International Journal of Scientific and Research Publications, Volume 5, Issue 6, pp.1-8, junho de 2015.

17. Nabil Al-Hazim e Zaydoun Abu Salem, "Delay and cost overrun in road construction projects in Jordan", International Journal of Engineering & Technology, 4 (2) pp.288-293,2015.

18. Philip H. Ramsey, "Critical Values for Spearman's Rank Order Correlation," Journal of Educational Statistics, Vol 14, No. 3, pp. 245-253, outono de 1989.

19. Rajakumar A C, "Analysis of Cost Overrun in Road Construction Activities - A Critical Review", International Research Journal of Engineering and Technology (IRJET), Volume: 03 Issue: 04, pp.785-794, Abr-2016.

20. Ram Singh, "Delays and Cost Overruns in Infrastructure Projects: Extent, Causes and Remedies", Economic & Political Weekly (EPW), Vol. XLV, No. 2, pp.43-54, 22 de maio de 2010.

21. S. Shanmugapriya e Dr. K. Subramanian, "Investigation of Significant Factors Influencing Time and Cost Overruns in Indian Construction Projects", International Journal of Emerging Technology and Advanced Engineering, Volume 3, Issue 10,pp.734-740, outubro de 2013.

22. S.K. Patil et al., "Causes of Delay in Indian Transportation Infrastructure Projects," IJRET: International Journal of Research in Engineering and Technology, Volume: 02 Issue: ll,pp.71-80,Nov-2013.

23. Salim S. MullaandAshish P. Waghmar, "Influencing Factors caused for Time & Cost Overruns in Construction Projects in Pune-India & their Remedies", IJISET - International Journal of Innovative Science, Engineering & Technology, Vol. 2 Issue 10, pp.622-633, outubro de 2015.

24. Shambalid A. et al., "A critical review of the causes of cost overrun in construction industries in developing countries," International Research Journal of Engineering and Technology (IRJET), Volume: 04 Issue: 03, pp. 2550-2558, Mar -2017.

25. SmiriteeSrivastava e Rahul S. Patil, "Project Cost Overrun In Infrastructure Project: Indian

Scenario", Conferência internacional sobre tendências recentes em engenharia e tecnologia, volume 7, pp.1-9, 29-30 de setembro de 2016.

26. Stumpf, G. R., Schedule delay analysis. Cost Engineering-Ann Arbor Then Morgantown-, 42(7), pp. 32-32, 2000.

27. T. Subramani et al., "Causas de custo excedido na construção", IOSR Journal of Engineering (IOSRJEN), Vol. 04, Issue 06, | | v3 | | pp. 01-07, junho. 2014.

28. Vaibhav Y. Katre e Dr. D.M. Ghaitidak, "Elements of Cost and Schedule Overrun in Construction Projects", International Journal of Engineering Research and Development Volume 12, Issue 7, pp.64-68, julho de 2016.

SÍTIOS WEB

29. Sistema de investigação criativa, 2001, www.cdb.riken.jp

30. http://economictimes.indiatimes.com/articleshow/56003664.cms7utm source=contento finterest&utm medium=text&utm campaign=cppst

31. http://economictimes.indiatimes.com/articleshow/62821512.cms7utm source=contento finterest&utm medium=text&utm campaign=cppst

32. http://economictimes.indiatimes.com/news/economy/fmance/infra-projects-cost- escalada-bv-rs-l-23-lakh-crore-in-llth-plan/ articleshow/18868951.cms

33. http://pib.nic.in/ndagov/comprehensive-materials/compr5.pdf

34. http://shodhganga.inflibnet.ac.in/bitstream/10603/37424/13/13 chepter%204.pdf

35. http://www.cspm.gov.in/english/pio report/PIO July 2017.pdf

36. http://www.indianmirror.com/indian-industries/construction.html

37. http://www.thehindubusinessline.com/opinion/PPPs-for-roads-a-costly affair/article20458569.ece

38. https://en.wikipedia.org/wiki/list das auto-estradas estatais em gujarat

39. https://www.ibef.org/industry/roads-india.aspx

40. https://www.mapsofindia.com/maps/gujarat/gujaratroads.htm ***BOOKS***

41. Chitkara, "Construction Project Management - Planning, Scheduling and Controlling", 2nd Edition, Tata McGraw Hills, 2011.

42. Fellows e Liu, "Research methods for construction", John Wiley & Sons. 1997.

43. Naoum, "Research and Writing for Construction students", Oxford Butterworth, 1998.

44. Pickavance K., "Delay and disruption in construction contracts", 3rd edition. Informal Legal Publishing UK, 2005.

DISSERTAÇÕES

45. A. J. Mustefa, tese de mestrado, "Factors Affecting Time and Cost Overrun in Road Construction

Projects in Addis Ababa", Universidade de Adis Abeba, agosto de 2015.

46. Bertin Bella Akoa, tese de mestrado "Cost Overruns and Time Delays in Highway and Bridge Projects in Developing Countries- Experiences from Cameroon", Michigan State University, 2011.

47. Fetene N. Tese de Mestrado, "Causes and Effects of Cost Overrun on Public Building Construction Projects", Universidade de Adis Abeba, março de 2008.

48. Ling ZhiJia, "Impact of the Cost Overrun Factors on the Project Delay in Construction Industry", University Malaysia Pahang, Malásia, 2015.

49. S.Y.Tesfa, tese de mestrado, "Analysis of Factors Contributing To time overruns on Road Construction Projects under Addis Ababa City Administration", Universidade de Adis Abeba, junho de 2014 .

Cartões de revisão da dissertação

(Dissertation Review Card)

Name of Student: Shambel Gebrehiwot Tadewos

Enrollment No. : 1 6 0 3 0 5 2 1 6 0 0 1

Student's Mail ID:- ghiwotshambel@gmail.com

Student's Contact No. : 9638125787

College Name: PIT

College Code:

Branch Code: 1 6 **Branch Name:** CPM M.Tech

Broad area of Title: cost and time

Title of Dissertation: cost and time overrun of Road construction projects: (Cause and effects) in Gujarat State

Causes and Effects of cost and Time overrun of Road constructio projects in Gujarat

Supervisor's Details	Co-Supervisor's Details OR External Supervisor's Details
Name:	Name:
Institute:	Institute/Organization:
Institute Code:	Institute Code (in case of co-supervisor):
Mail ID:	Mail ID:
Mobile No.	Mobile No.

	panel	Supervisor)
1.	Broad area of title should be redefined.	Research Area & Methodology is modified;
2.	Methodology should be more clear & specific.	
3.	No clarity on how to select factors & questionnaire.	Factors finalized during and through [illegible] of Literature Review & guidance from the same field Experts.
		Name of Supervisor Dr. Shakti Malek Dixit L. Patel
		Sign of Supervisor [signature]

Particulars	Internal Review Panel		
	Expert 1	Expert 2	Expert 3
Name:	Dr. Shakti Malek		
Institute:	F.D. (Mubin) Degree		
Institute Code:	College of Engineering		

		Supervisor]
1.	Work is satisfactory	
		Name of Supervisor:
		Sign of Supervisor:

Particulars	Internal Review Panel		
	Expert 1	Expert 2	Expert 3
Name:	Dr. Shakil Malek		
Institute:	FB (Mubin) institute		
Institute Code:	+9148 66 64 1523		

Sr. No.	(Dissertation Part-I)	Comments (To be filled by Supervisor)
1	include Historical data	Revised...
2	Write the Scope in Same Sentence (type, Size & location)	Return of Scope, feasibility & the objectives as per suggestions
3	Summarize the objective (Combine)	
		Name of Supervisor:
		Sign of Supervisor:

- *Approved* ☐
- *Approved with suggested recommended changes* ☑
- *Not Approved* ☐

Please tick on any one

Details of External Examiners:

Particulars	Expert 1	Expert 2
Name:	Prof. A. R. Patel	
Institute/University/Organization:	UVPCE, Ganpat Uni.	
Mobile No.:	98995 27368	

		Name of Supervisor:
		Sign of Supervisor:

Parti[illegible]lars	Internal Review Panel		
	Expert 1	Expert 2	Expert 3
Name :	Dr. Shakil S. Malek		
Institu[illegible] :	F.D. (Mubin) Degree		
Instit[illegible] Code :	College of Engg		
Mobil[illegible].:	8866641523		

Sr. No.	Comments given by internal review panel	Modification done based on Comments (To be filled by Supervisor)
1.	Content must be added for thesis writing.	[illegible]
2	Chap 2 is finished with one page only ?	[illegible]
3.	Why select Gujarat ?	For More [illegible] for [illegible]
4.	Use one equation for sample size.	(for Better [illegible] people...) [illegible] for determining the [illegible]

Name of Supervisor: [illegible]
Sign of Supervisor:

Particulars	Internal Review Panel		
	Expert 1	Expert 2	Expert 3
Name :	Dr. Shakil S, Malek		
Institute :	F.D. (Mubin) Degree		
Institute Code :	College of Engg		
Mobile No.:	8866411523		
Sign :			

Dissertation Review Card

Comments for Dissertation Part –II (03216254)
(External P) (Semester 4)

Date:

Enrollment No of Student: 1 6 0 3 0 5 2 1 6 0 0 1

Sr. No.	Comments given by External Examiners (Dissertation Part-II) (03216254) :	Modification done based on Comments (To be filled by Supervisor)
		Name of Supervisor:
		Sign of Supervisor:

- *Approved* ☐
- *Approved with suggested recommended changes* ☐ } ***Please tick on any one***
- *Not Approved* ☐

Details of External Examiners:

Particulars	Expert 1	Expert 2
Name:		
Institute/University/Organization:		
Mobile No.:		
Sign:		

Relatório de conformidade de todas as observações de exames anteriores

Certifica-se que o trabalho de investigação contido nesta tese de dissertação intitulada "Causas e efeitos do custo e do tempo excedido dos projectos de construção de estradas em Gujarat" foi realizado por Shambel GebrehiwotTadewos (Inscrição n.º 160305216001), que estuda no Instituto de Tecnologia de Parul, para cumprimento parcial do grau de Mestre em Tecnologia a ser atribuído pela Universidade de Parul. Ele compilou os comentários da Revisão do Progresso da Dissertação-I, do Progresso da Dissertação-I, da Parte-I da Dissertação e da Revisão do Progresso da Dissertação-II e da Parte-II da Dissertação (intemal) com a minha satisfação.

Data:

Local:

Shambel GebrehiwotProf. Adjunto Dixit Patel

Assinatura e nome do aluno Assinatura e nome do supervisor interno do corpo docente

Relatório de plágio

URKUND

Urkund Analysis Result

Analysed Document: thesis DPII.docx (D37908300)
Submitted: 4/24/2018 11:50:00 AM
Submitted By: 160305216001@paruluniversity.ac.in
Significance: 4 %

Sources included in the report:

http://citeseerx.ist.psu.edu/viewdoc/download?doi=10.1.1.653.6500&rep=rep1&type=pdf
https://pdfs.semanticscholar.org/6ed9/e221d21a626aeb3e6b737bb09cf7938c7eb5.pdf
http://www.academia.edu/33500197/
A_critical_review_of_the_causes_of_cost_overrun_in_construction_industries_in_developing_cou
ntries
https://core.ac.uk/download/pdf/39665746.pdf
http://economictimes.indiatimes.com/articleshow/56003664.cms?
utm_source=contentofinterest&utm_medium=text&utm_campaign=cppst
http://shodhganga.inflibnet.ac.in/bitstream/10603/37424/13/13_chepter%204.pdf
http://www.cspm.gov.in/english/pio_report/PIO_July_2017.pdf
http://www.indianmirror.com/indian-industries/construction.html

Instances where selected sources appear:

15

I want morebooks!

Buy your books fast and straightforward online - at one of world's fastest growing online book stores! Environmentally sound due to Print-on-Demand technologies.

Buy your books online at
www.morebooks.shop

Compre os seus livros mais rápido e diretamente na internet, em uma das livrarias on-line com o maior crescimento no mundo! Produção que protege o meio ambiente através das tecnologias de impressão sob demanda.

Compre os seus livros on-line em
www.morebooks.shop

info@omniscriptum.com
www.omniscriptum.com

Printed by Books on Demand GmbH, Norderstedt / Germany